Making of America Project, Naval Observatory United States,
John R. Eastman

Tables of Instrumental Constants

and corrections for the reduction of transit observations made at the U. S.

Naval Observatory

Making of America Project, Naval Observatory United States, John R. Eastman

Tables of Instrumental Constants
and corrections for the reduction of transit observations made at the U. S. Naval Observatory

ISBN/EAN: 9783337186968

Printed in Europe, USA, Canada, Australia, Japan

Cover: Foto ©berggeist007 / pixelio.de

More available books at **www.hansebooks.com**

TABLES

OF

INSTRUMENTAL CONSTANTS AND CORRECTIONS

FOR THE REDUCTION OF

TRANSIT OBSERVATIONS

MADE AT THE

U. S. NAVAL OBSERVATORY.

PREPARED

BY

PROFESSOR JOHN R. EASTMAN, U. S. N.

WASHINGTON:
GOVERNMENT PRINTING OFFICE.
1873.

TABLE OF CONTENTS.

SPECIAL TABLES FOR DETERMINING THE AZIMUTH CONSTANT.

GENERAL TABLES OF INSTRUMENTAL CORRECTIONS.

TABLES

FOR DETERMINING THE

AZIMUTH CONSTANT,

FROM OBSERVATIONS OF

α, δ, AND λ URSÆ MINORIS AND 51 CEPHEI,

AT THE

UNITED STATES NAVAL OBSERVATORY.

EXPLANATION.

In the following tables the first column on each page contains the Constant from o^s.01 to o^s.50, inclusive.

The remaining columns contain the Corrections.

The *argument* is the declination of the star, and is found at the top of each column of the Corrections.

The correction for azimuth is denoted by Aa.
The correction for level is denoted by Bb.
The correction for collimation is denoted by Cc.

For the methods of determining the values of the factors A, B, and C, and the constants a, b, and c, see "Introduction to the Observations with the Transit Circle, 1870."

TABLES OF INSTRUMENTAL CONSTANTS AND CORRECTIONS.

VALUES OF THE AZIMUTH CORRECTION, Aa.

Argument: Declination of Star.

The Correction and the Constant have opposite signs.

Declination of Star.

Constant	86° 35′	36′	37′	38′	39′	87° 9′	10′	11′	12′	13′	14′	15′	88° 36′	37′	38′	39′	40′	41′	42′	43′	44′	45′	46′
s.	s.	s.	s.	s.	s.	s.	s.	s.	s.	s.	s.	s.	s.	s.	s.	s.	s.	s.	s.	s.	s.	s.	s.
0.01	0.12	0.12	0.13	0.13	0.13	0.15	0.15	0.15	0.15	0.15	0.15	0.16	0.31	0.32	0.32	0.32	0.33	0.34	0.34	0.35	0.35	0.36	
.02	0.25	0.25	0.25	0.25	0.25	0.30	0.30	0.30	0.31	0.31	0.31	0.31	0.62	0.63	0.64	0.65	0.66	0.66	0.67	0.68	0.69	0.70	0.71
.03	0.37	0.37	0.38	0.38	0.38	0.45	0.45	0.46	0.46	0.46	0.46	0.47	0.94	0.95	0.96	0.97	0.98	1.00	1.01	1.02	1.04	1.05	1.07
.04	0.50	0.50	0.50	0.50	0.51	0.60	0.60	0.61	0.61	0.62	0.62	0.62	1.25	1.26	1.28	1.30	1.31	1.33	1.35	1.36	1.38	1.40	1.42
.05	0.62	0.62	0.63	0.63	0.63	0.75	0.76	0.76	0.76	0.77	0.78	0.78	1.56	1.58	1.60	1.62	1.64	1.66	1.68	1.71	1.73	1.75	1.78
0.06	0.74	0.75	0.75	0.76	0.76	0.90	0.91	0.91	0.92	0.92	0.93	0.93	1.87	1.90	1.92	1.94	1.97	1.99	2.02	2.05	2.07	2.10	2.13
.07	0.87	0.87	0.88	0.88	0.89	1.05	1.06	1.06	1.07	1.08	1.08	1.09	2.18	2.21	2.24	2.27	2.30	2.33	2.36	2.39	2.42	2.45	2.49
.08	0.99	1.00	1.00	1.01	1.01	1.20	1.21	1.22	1.22	1.23	1.24	1.25	2.50	2.53	2.56	2.59	2.62	2.66	2.69	2.73	2.77	2.80	2.84
.09	1.12	1.12	1.13	1.13	1.14	1.35	1.36	1.37	1.38	1.39	1.39	1.40	2.81	2.84	2.88	2.92	2.95	2.99	3.03	3.07	3.11	3.15	3.19
.10	1.24	1.25	1.25	1.26	1.27	1.50	1.51	1.52	1.53	1.54	1.55	1.56	3.12	3.16	3.20	3.24	3.28	3.32	3.37	3.41	3.46	3.50	3.55
0.11	1.36	1.37	1.38	1.39	1.39	1.65	1.66	1.67	1.68	1.69	1.70	1.71	3.43	3.48	3.52	3.56	3.61	3.66	3.70	3.75	3.80	3.85	3.91
.12	1.49	1.50	1.50	1.51	1.52	1.80	1.81	1.82	1.84	1.85	1.86	1.87	3.75	3.79	3.84	3.89	3.94	3.99	4.04	4.09	4.15	4.20	4.26
.13	1.61	1.62	1.63	1.64	1.65	1.95	1.96	1.98	1.99	2.00	2.01	2.03	4.06	4.11	4.16	4.21	4.27	4.32	4.38	4.44	4.49	4.56	4.62
.14	1.74	1.75	1.76	1.76	1.77	2.10	2.11	2.13	2.14	2.16	2.17	2.18	4.37	4.42	4.48	4.54	4.59	4.65	4.71	4.78	4.84	4.91	4.97
.15	1.86	1.87	1.88	1.89	1.90	2.25	2.26	2.28	2.30	2.31	2.32	2.34	4.68	4.74	4.80	4.86	4.92	4.99	5.05	5.12	5.19	5.26	5.33
0.16	1.98	2.00	2.01	2.02	2.03	2.40	2.42	2.43	2.45	2.46	2.48	2.49	4.99	5.06	5.12	5.18	5.25	5.32	5.39	5.46	5.53	5.61	5.68
.17	2.11	2.12	2.13	2.14	2.15	2.55	2.57	2.58	2.60	2.62	2.63	2.65	5.31	5.37	5.44	5.51	5.58	5.65	5.72	5.80	5.88	5.96	6.04
.18	2.23	2.24	2.26	2.27	2.28	2.70	2.72	2.74	2.75	2.77	2.79	2.80	5.62	5.69	5.76	5.83	5.91	5.98	6.06	6.14	6.22	6.31	6.39
.19	2.36	2.37	2.38	2.39	2.41	2.85	2.87	2.89	2.91	2.92	2.94	2.96	5.93	6.00	6.08	6.16	6.23	6.32	6.40	6.48	6.57	6.66	6.75
.20	2.48	2.49	2.51	2.52	2.53	3.00	3.02	3.04	3.06	3.08	3.10	3.12	6.24	6.32	6.40	6.48	6.56	6.65	6.73	6.82	6.91	7.01	7.10
0.21	2.60	2.62	2.63	2.65	2.66	3.15	3.17	3.19	3.21	3.23	3.25	3.27	6.56	6.64	6.72	6.80	6.89	6.98	7.07	7.17	7.26	7.36	7.46
.22	2.73	2.74	2.76	2.77	2.79	3.30	3.32	3.34	3.37	3.39	3.41	3.43	6.87	6.95	7.04	7.13	7.22	7.31	7.41	7.51	7.61	7.71	7.81
.23	2.85	2.87	2.88	2.90	2.91	3.45	3.47	3.50	3.52	3.54	3.56	3.58	7.18	7.27	7.36	7.45	7.55	7.64	7.74	7.85	7.95	8.06	8.17
.24	2.98	2.99	3.01	3.02	3.04	3.60	3.62	3.65	3.67	3.69	3.72	3.74	7.49	7.58	7.68	7.78	7.87	7.98	8.08	8.19	8.30	8.41	8.52
.25	3.10	3.12	3.13	3.15	3.17	3.75	3.78	3.80	3.82	3.85	3.87	3.90	7.80	7.90	8.00	8.10	8.20	8.31	8.42	8.53	8.64	8.76	8.88
0.26	3.22	3.24	3.26	3.28	3.29	3.90	3.93	3.95	3.98	4.00	4.02	4.05	8.12	8.22	8.32	8.42	8.53	8.64	8.75	8.87	8.99	9.11	9.24
.27	3.35	3.37	3.39	3.40	3.42	4.05	4.08	4.10	4.13	4.16	4.18	4.21	8.43	8.53	8.64	8.75	8.86	8.97	9.09	9.21	9.33	9.46	9.59
.28	3.47	3.49	3.51	3.53	3.55	4.20	4.23	4.26	4.28	4.31	4.33	4.36	8.74	8.85	8.96	9.07	9.19	9.31	9.43	9.55	9.68	9.81	9.95
.29	3.60	3.62	3.64	3.65	3.67	4.35	4.38	4.41	4.44	4.46	4.49	4.52	9.05	9.16	9.28	9.40	9.51	9.64	9.76	9.89	10.03	10.16	10.30
.30	3.72	3.74	3.76	3.78	3.80	4.50	4.53	4.56	4.59	4.62	4.64	4.67	9.36	9.48	9.60	9.72	9.84	9.97	10.10	10.24	10.37	10.51	10.66
0.31	3.84	3.87	3.89	3.91	3.93	4.65	4.68	4.71	4.74	4.77	4.80	4.83	9.68	9.80	9.92	10.04	10.17	10.30	10.44	10.58	10.72	10.86	11.01
.32	3.97	3.99	4.01	4.03	4.05	4.80	4.83	4.86	4.90	4.93	4.95	4.98	9.99	10.11	10.24	10.37	10.50	10.64	10.78	10.92	11.06	11.21	11.37
.33	4.09	4.12	4.14	4.16	4.18	4.95	4.98	5.02	5.05	5.08	5.11	5.14	10.30	10.43	10.56	10.69	10.83	10.97	11.11	11.26	11.41	11.56	11.72
.34	4.22	4.24	4.26	4.28	4.31	5.10	5.13	5.17	5.20	5.23	5.26	5.30	10.61	10.74	10.88	11.02	11.16	11.30	11.45	11.60	11.75	11.91	12.08
.35	4.34	4.36	4.39	4.41	4.43	5.25	5.28	5.32	5.36	5.39	5.42	5.45	10.93	11.06	11.20	11.34	11.48	11.63	11.78	11.94	12.10	12.26	12.43
0.36	4.46	4.49	4.51	4.54	4.56	5.40	5.41	5.47	5.51	5.54	5.57	5.61	11.24	11.38	11.52	11.66	11.81	11.97	12.12	12.28	12.45	12.61	12.79
.37	4.59	4.61	4.64	4.66	4.69	5.55	5.59	5.62	5.66	5.70	5.73	5.76	11.55	11.69	11.84	11.99	12.14	12.30	12.46	12.62	12.79	12.96	13.14
.38	4.71	4.74	4.76	4.79	4.81	5.70	5.74	5.78	5.81	5.85	5.88	5.92	11.86	12.01	12.16	12.31	12.47	12.63	12.79	12.97	13.14	13.32	13.50
.39	4.84	4.86	4.89	4.91	4.94	5.85	5.89	5.93	5.97	6.00	6.04	6.08	12.18	12.33	12.48	12.64	12.80	12.96	13.13	13.31	13.48	13.67	13.85
.40	4.96	4.99	5.02	5.04	5.07	6.00	6.04	6.08	6.12	6.16	6.19	6.23	12.49	12.64	12.80	12.96	13.12	13.30	13.47	13.65	13.83	14.02	14.21
0.41	5.08	5.11	5.14	5.17	5.19	6.15	6.19	6.23	6.27	6.31	6.35	6.39	12.80	12.96	13.12	13.28	13.45	13.63	13.80	13.99	14.17	14.37	14.56
.42	5.21	5.24	5.27	5.29	5.32	6.30	6.34	6.38	6.43	6.47	6.50	6.54	13.11	13.27	13.44	13.61	13.78	13.96	14.14	14.33	14.52	14.72	14.92
.43	5.33	5.36	5.39	5.42	5.45	6.45	6.49	6.54	6.58	6.62	6.66	6.70	13.42	13.59	13.76	13.93	14.11	14.30	14.48	14.67	14.87	15.07	15.27
.44	5.46	5.49	5.52	5.54	5.57	6.60	6.64	6.69	6.73	6.77	6.81	6.86	13.73	13.90	14.08	14.26	14.44	14.63	14.81	15.01	15.21	15.42	15.63
.45	5.58	5.61	5.64	5.67	5.70	6.75	6.80	6.84	6.88	6.93	6.97	7.01	14.05	14.22	14.40	14.58	14.76	14.95	15.15	15.35	15.56	15.77	15.98
0.46	5.70	5.74	5.77	5.80	5.83	6.90	6.95	6.99	7.04	7.08	7.12	7.17	14.36	14.54	14.72	14.90	15.09	15.29	15.49	15.70	15.90	16.12	16.34
.47	5.83	5.86	5.89	5.92	5.95	7.05	7.10	7.14	7.19	7.24	7.28	7.32	14.67	14.85	15.04	15.23	15.42	15.62	15.82	16.04	16.25	16.47	16.69
.48	5.95	5.99	6.02	6.05	6.08	7.20	7.25	7.30	7.34	7.39	7.43	7.48	14.98	15.17	15.36	15.55	15.75	15.96	16.16	16.38	16.59	16.82	17.05
.49	6.08	6.11	6.14	6.17	6.21	7.35	7.40	7.45	7.50	7.54	7.59	7.63	15.30	15.48	15.68	15.88	16.08	16.29	16.50	16.72	16.94	17.17	17.40
.50	6.20	6.24	6.27	6.30	6.33	7.50	7.55	7.60	7.64	7.69	7.74	7.79	15.61	15.80	16.00	16.20	16.41	16.62	16.83	17.06	17.29	17.52	17.76

VALUE OF THE AZIMUTH CORRECTION, Aa.

Argument: Declination of Star.

The Correction and the Constant have opposite signs.

Declination of Star.

Constant	98° 47'	48'	49'	50'	51'	52'	53'	54'	55'	56'	57'	58'	59'	89° 0'	1'	2'	3'	4'	5'	6'	7'	8'	9'
s.	s.	s.	s.	s.	s.	s.	s.	s.	s.	s.	s.	s.	s.	s.	s.	s.	s.	s.	s.	s.	s.	s.	s.
0.01	0.36	0.37	0.37	0.38	0.38	0.39	0.39	0.40	0.41	0.41	0.42	0.43	0.43	0.44	0.45	0.45	0.46	0.47	0.49	0.49	0.50	0.51	0.52
.02	0.72	0.73	0.74	0.75	0.76	0.77	0.79	0.80	0.81	0.82	0.84	0.85	0.86	0.88	0.89	0.91	0.93	0.94	0.96	0.98	1.00	1.02	1.04
.03	1.08	1.10	1.11	1.13	1.14	1.16	1.18	1.20	1.22	1.24	1.26	1.28	1.30	1.32	1.34	1.36	1.39	1.41	1.44	1.47	1.50	1.53	1.55
.04	1.44	1.46	1.48	1.50	1.53	1.55	1.57	1.60	1.62	1.65	1.67	1.70	1.73	1.76	1.79	1.82	1.85	1.89	1.92	1.96	1.99	2.03	2.07
.05	1.80	1.83	1.85	1.88	1.91	1.94	1.96	2.00	2.03	2.06	2.09	2.13	2.16	2.20	2.24	2.28	2.32	2.36	2.40	2.45	2.49	2.54	2.59
0.06	2.16	2.19	2.22	2.26	2.29	2.32	2.36	2.39	2.43	2.47	2.51	2.55	2.60	2.64	2.68	2.73	2.78	2.83	2.88	2.94	2.99	3.05	3.11
.07	2.52	2.56	2.59	2.63	2.67	2.71	2.75	2.79	2.84	2.88	2.93	2.98	3.03	3.08	3.13	3.18	3.24	3.30	3.36	3.42	3.49	3.56	3.63
.08	2.88	2.92	2.96	3.01	3.05	3.10	3.14	3.19	3.24	3.29	3.35	3.40	3.46	3.52	3.58	3.64	3.70	3.77	3.84	3.91	3.99	4.07	4.15
.09	3.24	3.29	3.33	3.38	3.43	3.48	3.54	3.59	3.65	3.71	3.77	3.83	3.89	3.96	4.02	4.10	4.17	4.24	4.32	4.40	4.49	4.57	4.66
.10	3.60	3.65	3.71	3.76	3.81	3.87	3.93	3.99	4.05	4.12	4.18	4.25	4.32	4.40	4.47	4.55	4.63	4.71	4.80	4.89	4.99	5.08	5.18
0.11	3.96	4.02	4.08	4.14	4.20	4.26	4.32	4.39	4.46	4.53	4.60	4.68	4.76	4.84	4.92	5.00	5.09	5.19	5.28	5.38	5.48	5.59	5.70
.12	4.32	4.38	4.45	4.51	4.58	4.65	4.72	4.79	4.86	4.94	5.02	5.10	5.19	5.28	5.37	5.46	5.56	5.66	5.76	5.87	5.96	6.10	6.22
.13	4.68	4.75	4.82	4.89	4.96	5.03	5.11	5.19	5.27	5.35	5.44	5.53	5.62	5.71	5.81	5.92	6.02	6.13	6.24	6.36	6.46	6.61	6.74
.14	5.04	5.11	5.19	5.26	5.34	5.42	5.50	5.59	5.67	5.76	5.86	5.95	6.05	6.15	6.26	6.37	6.48	6.60	6.72	6.85	6.98	7.12	7.26
.15	5.40	5.48	5.56	5.64	5.72	5.81	5.90	5.98	6.08	6.18	6.28	6.38	6.48	6.59	6.71	6.82	6.94	7.07	7.20	7.34	7.48	7.62	7.77
0.16	5.76	5.84	5.93	6.02	6.10	6.19	6.29	6.38	6.48	6.59	6.69	6.80	6.92	7.03	7.16	7.28	7.41	7.54	7.68	7.83	7.98	8.13	8.29
.17	6.12	6.21	6.30	6.39	6.48	6.58	6.66	6.78	6.89	7.00	7.11	7.23	7.35	7.47	7.60	7.74	7.87	8.02	8.16	8.32	8.47	8.64	8.81
.18	6.48	6.58	6.67	6.77	6.87	6.97	7.07	7.18	7.30	7.41	7.53	7.65	7.78	7.91	8.05	8.19	8.35	8.49	8.64	8.81	8.97	9.15	9.33
.19	6.84	6.94	7.04	7.14	7.25	7.35	7.47	7.58	7.70	7.82	7.95	8.08	8.21	8.35	8.50	8.64	8.80	8.96	9.12	9.29	9.47	9.66	9.85
.20	7.20	7.31	7.41	7.52	7.63	7.74	7.86	7.98	8.11	8.23	8.37	8.50	8.65	8.79	8.94	9.10	9.26	9.43	9.60	9.78	9.97	10.16	10.37
0.21	7.56	7.67	7.78	7.90	8.01	8.13	8.25	8.38	8.51	8.65	8.79	8.93	9.08	9.23	9.39	9.56	9.72	9.90	10.08	10.27	10.47	10.67	10.88
.22	7.92	8.04	8.15	8.27	8.39	8.52	8.65	8.78	8.92	9.06	9.20	9.35	9.51	9.67	9.84	10.01	10.19	10.37	10.56	10.76	10.97	11.18	11.40
.23	8.28	8.41	8.52	8.65	8.77	8.90	9.04	9.18	9.32	9.47	9.62	9.78	9.94	10.11	10.29	10.46	10.65	10.84	11.03	11.25	11.47	11.69	11.92
.24	8.64	8.77	8.89	9.02	9.15	9.29	9.43	9.58	9.73	9.88	10.04	10.20	10.38	10.55	10.73	10.92	11.11	11.32	11.52	11.74	11.96	12.20	12.44
.25	9.00	9.13	9.26	9.40	9.54	9.68	9.82	9.98	10.13	10.29	10.46	10.63	10.81	10.99	11.18	11.38	11.58	11.79	12.00	12.23	12.46	12.71	12.96
0.26	9.37	9.50	9.63	9.78	9.92	10.06	10.22	10.37	10.54	10.70	10.88	11.06	11.24	11.43	11.63	11.83	12.01	12.26	12.49	12.72	12.96	13.21	13.48
.27	9.72	9.86	10.00	10.15	10.30	10.45	10.61	10.77	10.94	11.12	11.30	11.48	11.67	11.87	12.07	12.28	12.50	12.75	12.97	13.22	13.46	13.72	13.99
.28	10.09	10.23	10.37	10.53	10.65	10.84	11.00	11.17	11.35	11.53	11.72	11.91	12.10	12.31	12.52	12.74	12.96	13.20	13.45	13.70	13.96	14.23	14.51
.29	10.45	10.59	10.74	10.90	11.06	11.23	11.40	11.57	11.75	11.94	12.13	12.32	12.54	12.75	12.97	13.20	13.43	13.67	13.93	14.19	14.46	14.74	15.03
.30	10.81	10.96	11.12	11.28	11.44	11.61	11.79	11.97	12.16	12.35	12.55	12.76	12.97	13.19	13.42	13.65	13.89	14.14	14.40	14.68	14.96	15.25	15.55
0.31	11.17	11.32	11.49	11.66	11.82	12.00	12.18	12.37	12.56	12.76	12.97	13.18	13.40	13.63	13.86	14.10	14.35	14.62	14.80	15.17	15.45	15.75	16.07
.32	11.53	11.69	11.86	12.03	12.20	12.39	12.58	12.77	12.97	13.17	13.38	13.61	13.83	14.07	14.31	14.56	14.83	15.11	15.40	15.70	16.01	16.32	16.59
.33	11.89	12.05	12.23	12.41	12.59	12.77	12.97	13.17	13.38	13.59	13.81	14.03	14.27	14.51	14.76	15.02	15.28	15.56	15.86	16.14	16.45	16.77	17.10
.34	12.25	12.42	12.60	12.78	12.97	13.16	13.36	13.57	13.78	14.00	14.23	14.46	14.70	14.95	15.20	15.47	15.72	16.02	16.33	16.63	16.95	17.26	17.62
.35	12.61	12.79	12.97	13.16	13.35	13.55	13.76	13.97	14.19	14.41	14.64	14.88	15.13	15.39	15.65	15.92	16.20	16.50	16.81	17.12	17.45	17.70	18.14
0.36	12.97	13.15	13.34	13.54	13.73	13.94	14.15	14.36	14.59	14.82	15.06	15.31	15.56	15.83	16.10	16.38	16.67	16.97	17.29	17.61	17.95	18.30	18.66
.37	13.33	13.52	13.71	13.91	14.11	14.32	14.54	14.76	15.00	15.23	15.48	15.73	16.00	16.27	16.55	16.84	17.13	17.45	17.77	18.10	18.44	18.80	19.18
.38	13.69	13.88	14.08	14.29	14.49	14.71	14.93	15.16	15.40	15.64	15.90	16.16	16.43	16.70	16.99	17.29	17.59	17.92	18.25	18.59	18.94	19.31	19.70
.39	14.05	14.25	14.45	14.66	14.87	15.10	15.33	15.56	15.81	16.06	16.32	16.58	16.86	17.14	17.44	17.74	18.06	18.39	18.73	19.08	19.44	19.82	20.73
.40	14.41	14.61	14.82	15.04	15.26	15.48	15.72	15.96	16.21	16.47	16.74	17.01	17.29	17.58	17.89	18.20	18.52	18.86	19.21	19.57	19.94	20.33	20.73
0.41	14.77	14.98	15.19	15.42	15.64	15.87	16.11	16.36	16.62	16.88	17.15	17.43	17.72	18.02	18.34	18.66	18.98	19.33	19.69	20.06	20.44	20.84	21.25
.42	15.13	15.34	15.56	15.79	16.02	16.26	16.51	16.76	17.02	17.29	17.57	17.86	18.16	18.46	18.78	19.11	19.45	19.80	20.17	20.55	20.94	21.34	21.77
.43	15.49	15.71	15.93	16.17	16.40	16.65	16.90	17.16	17.43	17.70	17.99	18.28	18.59	18.90	19.23	19.56	19.91	20.27	20.65	21.04	21.44	21.85	22.29
.44	15.85	16.07	16.30	16.54	16.78	17.03	17.29	17.56	17.83	18.11	18.41	18.71	19.02	19.34	19.68	20.02	20.37	20.75	21.13	21.52	21.94	22.36	22.81
.45	16.21	16.44	16.67	16.92	17.16	17.42	17.68	17.96	18.24	18.53	18.83	19.13	19.45	19.78	20.02	20.48	20.84	21.21	21.61	22.01	22.43	22.87	23.32
0.46	16.57	16.80	17.04	17.30	17.54	17.81	18.08	18.35	18.64	18.94	19.25	19.56	19.89	20.22	20.57	20.93	21.30	21.69	22.09	22.50	22.93	23.38	23.84
.47	16.93	17.17	17.41	17.67	17.93	18.19	18.47	18.75	19.05	19.35	19.66	19.98	20.32	20.66	21.02	21.38	21.76	22.16	22.57	22.99	23.43	23.89	24.36
.48	17.29	17.53	17.78	18.05	18.31	18.58	18.86	19.15	19.45	19.76	20.08	20.41	20.75	21.10	21.47	21.84	22.22	22.63	23.05	23.48	23.93	24.39	24.88
.49	17.65	17.90	18.15	18.42	18.69	18.97	19.26	19.55	19.86	20.17	20.50	20.83	21.18	21.54	21.91	22.30	22.69	23.10	23.53	23.97	24.43	24.90	25.40
.50	18.01	18.26	18.52	18.80	19.07	19.36	19.65	19.95	20.27	20.59	20.92	21.26	21.61	21.98	22.36	22.75	23.15	23.57	24.01	24.46	24.93	25.41	25.92

VALUES OF THE AZIMUTH CORRECTION, A_a., S. P.

	Argument: Declination of Star.				The Constant has the same sign as the Correction.		

Declination of Star.

Constant.	86°35'	36'	37'	38'	39'	87°9'	10'	11'	12'	13'	14'	15'	88°36'	37'	38'	39'	40'	41'	42'	43'	44'	45'	46'
0.01	0.14	0.14	0.14	0.14	0.14	0.16	0.16	0.16	0.17	0.17	0.17	0.17	0.32	0.33	0.33	0.34	0.34	0.34	0.35	0.35	0.36	0.36	0.37
.02	0.27	0.27	0.28	0.28	0.28	0.33	0.33	0.33	0.33	0.33	0.33	0.34	0.65	0.66	0.67	0.67	0.68	0.69	0.70	0.71	0.72	0.73	0.74
.03	0.41	0.41	0.41	0.42	0.42	0.49	0.49	0.49	0.50	0.50	0.50	0.50	0.97	0.99	1.00	1.01	1.02	1.03	1.05	1.06	1.07	1.09	1.10
.04	0.55	0.55	0.55	0.55	0.56	0.65	0.65	0.66	0.66	0.67	0.67	0.67	1.30	1.31	1.33	1.35	1.36	1.38	1.40	1.41	1.43	1.45	1.47
.05	0.68	0.69	0.69	0.69	0.70	0.81	0.82	0.82	0.82	0.83	0.83	0.84	1.62	1.64	1.66	1.68	1.70	1.72	1.75	1.77	1.79	1.81	1.84
0.06	0.82	0.82	0.83	0.83	0.84	0.98	0.98	0.99	0.99	1.00	1.00	1.01	1.95	1.97	2.00	2.02	2.04	2.07	2.10	2.12	2.15	2.18	2.21
.07	0.96	0.96	0.97	0.97	0.97	1.14	1.14	1.15	1.16	1.16	1.17	1.18	2.27	2.30	2.33	2.36	2.38	2.41	2.44	2.48	2.51	2.54	2.57
.08	1.09	1.10	1.10	1.11	1.11	1.30	1.31	1.32	1.32	1.33	1.34	1.35	2.60	2.63	2.66	2.69	2.73	2.76	2.79	2.83	2.87	2.90	2.94
.09	1.23	1.24	1.24	1.25	1.25	1.46	1.47	1.48	1.49	1.50	1.51	1.51	2.92	2.96	2.99	3.03	3.07	3.10	3.14	3.18	3.22	3.27	3.31
.10	1.37	1.37	1.38	1.39	1.39	1.63	1.64	1.64	1.65	1.66	1.67	1.68	3.25	3.29	3.32	3.37	3.41	3.45	3.49	3.54	3.58	3.63	3.68
0.11	1.50	1.51	1.52	1.52	1.53	1.79	1.80	1.81	1.82	1.83	1.84	1.85	3.57	3.61	3.66	3.70	3.75	3.79	3.84	3.89	3.94	3.99	4.05
.12	1.64	1.65	1.66	1.66	1.67	1.95	1.96	1.97	1.98	2.00	2.01	2.02	3.90	3.94	3.99	4.04	4.09	4.14	4.19	4.24	4.30	4.36	4.41
.13	1.78	1.78	1.79	1.80	1.81	2.11	2.13	2.14	2.15	2.16	2.17	2.19	4.22	4.27	4.32	4.37	4.43	4.48	4.54	4.60	4.66	4.72	4.78
.14	1.91	1.92	1.93	1.94	1.95	2.28	2.29	2.30	2.32	2.33	2.34	2.36	4.55	4.60	4.66	4.71	4.77	4.83	4.89	4.95	5.02	5.08	5.15
.15	2.05	2.06	2.07	2.08	2.09	2.44	2.45	2.47	2.48	2.50	2.51	2.52	4.87	4.93	4.99	5.05	5.11	5.17	5.24	5.31	5.37	5.44	5.52
0.16	2.19	2.20	2.21	2.22	2.23	2.60	2.62	2.63	2.65	2.66	2.68	2.69	5.20	5.26	5.32	5.38	5.45	5.52	5.59	5.66	5.73	5.81	5.88
.17	2.32	2.33	2.35	2.36	2.37	2.76	2.78	2.80	2.81	2.83	2.84	2.86	5.52	5.59	5.65	5.72	5.79	5.86	5.94	6.01	6.09	6.17	6.25
.18	2.46	2.47	2.48	2.49	2.51	2.93	2.94	2.96	2.98	3.00	3.01	3.03	5.85	5.91	5.99	6.06	6.13	6.21	6.29	6.37	6.45	6.53	6.62
.19	2.60	2.61	2.62	2.63	2.64	3.09	3.11	3.13	3.14	3.16	3.18	3.20	6.17	6.24	6.32	6.39	6.47	6.55	6.63	6.72	6.81	6.90	6.99
.20	2.73	2.75	2.76	2.77	2.78	3.25	3.27	3.29	3.31	3.33	3.34	3.37	6.49	6.57	6.65	6.73	6.81	6.90	6.98	7.07	7.17	7.26	7.36
0.21	2.87	2.88	2.90	2.91	2.92	3.41	3.43	3.45	3.47	3.49	3.51	3.53	6.82	6.90	6.98	7.07	7.15	7.24	7.33	7.43	7.52	7.62	7.72
.22	3.00	3.02	3.04	3.05	3.06	3.58	3.60	3.62	3.64	3.66	3.68	3.70	7.14	7.23	7.32	7.40	7.50	7.59	7.68	7.78	7.88	7.99	8.09
.23	3.14	3.16	3.17	3.19	3.20	3.74	3.76	3.78	3.80	3.83	3.85	3.87	7.47	7.56	7.65	7.74	7.84	7.93	8.03	8.14	8.24	8.35	8.46
.24	3.28	3.30	3.31	3.33	3.34	3.90	3.92	3.95	3.97	3.99	4.02	4.04	7.79	7.89	7.98	8.08	8.18	8.28	8.39	8.49	8.60	8.71	8.83
.25	3.41	3.43	3.45	3.16	3.48	4.06	4.09	4.11	4.14	4.16	4.18	4.21	8.12	8.22	8.31	8.41	8.52	8.62	8.73	8.84	8.96	9.08	9.20
0.26	3.55	3.57	3.59	3.60	3.62	4.23	4.25	4.28	4.30	4.33	4.35	4.38	8.44	8.54	8.65	8.75	8.86	8.97	9.08	9.20	9.32	9.44	9.56
.27	3.69	3.71	3.73	3.74	3.76	4.39	4.41	4.44	4.47	4.49	4.52	4.54	8.77	8.87	8.98	9.09	9.20	9.31	9.43	9.55	9.67	9.80	9.93
.28	3.82	3.84	3.86	3.88	3.90	4.55	4.58	4.61	4.63	4.66	4.68	4.71	9.09	9.20	9.31	9.42	9.54	9.66	9.78	9.90	10.03	10.16	10.30
.29	3.96	3.98	4.00	4.02	4.04	4.72	4.74	4.77	4.80	4.83	4.86	4.88	9.42	9.53	9.64	9.76	9.88	10.00	10.13	10.26	10.39	10.53	10.67
.30	4.10	4.12	4.14	4.16	4.18	4.88	4.90	4.93	4.96	4.99	5.02	5.05	9.74	9.86	9.98	10.10	10.22	10.35	10.48	10.61	10.75	10.89	11.03
0.31	4.23	4.26	4.28	4.30	4.32	5.04	5.07	5.10	5.13	5.16	5.19	5.22	10.07	10.19	10.31	10.43	10.56	10.69	10.83	10.96	11.11	11.25	11.40
.32	4.37	4.39	4.42	4.43	4.45	5.20	5.23	5.26	5.29	5.32	5.35	5.39	10.39	10.52	10.64	10.77	10.90	11.04	11.17	11.31	11.47	11.61	11.77
.33	4.51	4.53	4.55	4.57	4.59	5.37	5.40	5.43	5.46	5.49	5.52	5.55	10.72	10.84	10.97	11.10	11.24	11.38	11.52	11.67	11.82	11.98	12.13
.34	4.64	4.67	4.69	4.71	4.73	5.53	5.56	5.59	5.62	5.66	5.69	5.72	11.04	11.17	11.31	11.44	11.58	11.73	11.87	12.03	12.18	12.34	12.51
.35	4.78	4.81	4.83	4.85	4.87	5.69	5.72	5.76	5.79	5.82	5.86	5.89	11.36	11.50	11.64	11.78	11.92	12.07	12.22	12.38	12.54	12.70	12.87
0.36	4.92	4.94	4.97	4.99	5.01	5.85	5.89	5.92	5.95	5.99	6.02	6.06	11.69	11.83	11.97	12.11	12.27	12.42	12.57	12.73	12.90	13.07	13.24
.37	5.05	5.08	5.11	5.13	5.15	6.02	6.05	6.09	6.12	6.16	6.19	6.23	12.01	12.16	12.30	12.45	12.61	12.76	12.92	13.09	13.26	13.43	13.61
.38	5.19	5.22	5.24	5.27	5.29	6.18	6.21	6.25	6.29	6.32	6.36	6.40	12.34	12.49	12.64	12.79	12.95	13.11	13.27	13.44	13.62	13.79	13.98
.39	5.33	5.35	5.38	5.41	5.43	6.34	6.38	6.42	6.45	6.49	6.52	6.56	12.66	12.82	12.97	13.13	13.29	13.45	13.62	13.79	13.97	14.16	14.34
.40	5.47	5.49	5.52	5.54	5.57	6.50	6.54	6.58	6.62	6.66	6.69	6.73	12.99	13.14	13.30	13.46	13.63	13.80	13.97	14.15	14.33	14.52	14.71
0.41	5.60	5.63	5.66	5.68	5.71	6.67	6.70	6.74	6.78	6.82	6.86	6.90	13.31	13.47	13.63	13.80	13.97	14.14	14.32	14.50	14.69	14.88	15.08
.42	5.74	5.77	5.80	5.82	5.85	6.83	6.87	6.91	6.95	6.99	7.03	7.07	13.64	13.80	13.97	14.13	14.31	14.49	14.67	14.86	15.05	15.25	15.45
.43	5.87	5.90	5.93	5.96	5.99	6.99	7.03	7.07	7.11	7.16	7.19	7.24	13.96	14.13	14.30	14.47	14.65	14.83	15.02	15.21	15.41	15.61	15.82
.44	6.01	6.04	6.07	6.10	6.13	7.15	7.19	7.24	7.28	7.32	7.36	7.40	14.29	14.46	14.63	14.81	14.99	15.18	15.36	15.56	15.77	15.97	16.18
.45	6.15	6.18	6.21	6.24	6.26	7.32	7.36	7.40	7.44	7.49	7.53	7.57	14.61	14.79	14.96	15.14	15.33	15.52	15.71	15.92	16.12	16.33	16.55
0.46	6.28	6.32	6.35	6.38	6.40	7.48	7.52	7.57	7.61	7.65	7.70	7.74	14.94	15.12	15.30	15.48	15.67	15.87	16.06	16.27	16.48	16.70	16.92
.47	6.42	6.45	6.49	6.51	6.54	7.64	7.68	7.73	7.77	7.82	7.86	7.91	15.26	15.44	15.63	15.82	16.01	16.21	16.41	16.62	16.84	17.06	17.29
.48	6.56	6.59	6.62	6.65	6.68	7.80	7.85	7.90	7.94	7.99	8.03	8.08	15.59	15.77	15.96	16.16	16.36	16.56	16.76	16.98	17.20	17.42	17.66
.49	6.69	6.73	6.76	6.79	6.82	7.97	8.01	8.06	8.10	8.15	8.20	8.25	15.91	16.10	16.29	16.49	16.69	16.90	17.11	17.33	17.56	17.79	18.02
.50	6.83	6.86	6.90	6.93	6.96	8.13	8.18	8.22	8.27	8.32	8.36	8.41	16.24	16.43	16.63	16.83	17.03	17.25	17.46	17.68	17.91	18.15	18.39

VALUES OF THE AZIMUTH CORRECTION, Aa, S. P.

Argument: Declination of Star.

The Constant has the same sign as the Correction.

Declination of Star.

Constant	88° 47'	48'	49'	50'	51'	52'	53'	54'	55'	56'	57'	58'	59'	89° 0'	1'	2'	3'	4'	5'	6'	7'	8'	9'
s.	s.	s.	s.	s.	s.	s.	s.	s.	s.	s.	s.	s.	s.	s.	s.	s.	s.	s.	s.	s.	s.	s.	s.
0.01	0.37	0.38	0.38	0.39	0.39	0.40	0.41	0.41	0.42	0.42	0.43	0.44	0.44	0.45	0.46	0.47	0.48	0.48	0.49	0.50	0.51	0.52	0.53
.02	0.74	0.76	0.77	0.78	0.79	0.80	0.81	0.82	0.84	0.85	0.86	0.88	0.89	0.90	0.92	0.94	0.95	0.97	0.99	1.00	1.02	1.04	1.06
.03	1.12	1.13	1.15	1.17	1.18	1.20	1.22	1.23	1.25	1.27	1.29	1.31	1.33	1.36	1.38	1.40	1.43	1.45	1.48	1.51	1.53	1.56	1.59
.04	1.49	1.51	1.53	1.55	1.58	1.60	1.62	1.65	1.67	1.70	1.72	1.75	1.78	1.81	1.84	1.87	1.90	1.94	1.97	2.01	2.04	2.08	2.12
.05	1.86	1.89	1.92	1.94	1.97	2.00	2.03	2.06	2.09	2.12	2.15	2.19	2.22	2.26	2.30	2.34	2.38	2.42	2.46	2.51	2.56	2.60	2.65
0.06	2.24	2.27	2.30	2.33	2.36	2.40	2.43	2.47	2.51	2.55	2.59	2.63	2.67	2.71	2.76	2.81	2.85	2.90	2.96	3.01	3.07	3.12	3.19
.07	2.61	2.64	2.68	2.72	2.76	2.80	2.84	2.88	2.93	2.97	3.02	3.06	3.11	3.17	3.22	3.27	3.33	3.39	3.45	3.51	3.58	3.65	3.72
.08	2.98	3.02	3.06	3.11	3.15	3.20	3.24	3.29	3.34	3.39	3.45	3.50	3.56	3.62	3.68	3.74	3.81	3.87	3.94	4.01	4.09	4.17	4.25
.09	3.35	3.40	3.45	3.50	3.55	3.60	3.65	3.70	3.76	3.82	3.88	3.94	4.00	4.07	4.14	4.21	4.28	4.36	4.43	4.52	4.60	4.69	4.78
.10	3.73	3.78	3.83	3.88	3.94	4.00	4.06	4.12	4.18	4.24	4.31	4.38	4.45	4.52	4.60	4.68	4.76	4.84	4.93	5.02	5.11	5.21	5.31
0.11	4.10	4.16	4.21	4.27	4.33	4.40	4.46	4.53	4.60	4.67	4.74	4.82	4.89	4.97	5.06	5.14	5.23	5.32	5.42	5.52	5.62	5.73	5.84
.12	4.47	4.53	4.60	4.66	4.73	4.80	4.87	4.94	5.01	5.09	5.17	5.25	5.34	5.43	5.52	5.61	5.71	5.81	5.91	6.02	6.13	6.25	6.37
.13	4.85	4.91	4.98	5.05	5.12	5.20	5.27	5.35	5.43	5.52	5.60	5.69	5.78	5.89	5.98	6.08	6.16	6.29	6.41	6.52	6.64	6.77	6.90
.14	5.22	5.29	5.36	5.44	5.52	5.60	5.68	5.76	5.85	5.94	6.03	6.13	6.23	6.33	6.44	6.55	6.66	6.78	6.90	7.02	7.15	7.29	7.43
.15	5.59	5.67	5.74	5.83	5.91	6.00	6.08	6.17	6.27	6.36	6.46	6.57	6.67	6.78	6.90	7.01	7.14	7.26	7.39	7.53	7.67	7.81	7.96
0.16	5.96	6.04	6.13	6.22	6.30	6.40	6.49	6.59	6.69	6.79	6.89	7.00	7.12	7.24	7.36	7.48	7.61	7.74	7.88	8.03	8.18	8.33	8.49
.17	6.34	6.42	6.51	6.60	6.70	6.79	6.89	7.00	7.10	7.21	7.33	7.44	7.56	7.69	7.81	7.95	8.09	8.23	8.38	8.53	8.69	8.85	9.03
.18	6.71	6.80	6.89	6.99	7.09	7.19	7.30	7.41	7.52	7.64	7.76	7.88	8.01	8.14	8.27	8.42	8.56	8.71	8.87	9.03	9.20	9.37	9.56
.19	7.08	7.18	7.28	7.38	7.49	7.59	7.71	7.82	7.94	8.06	8.19	8.32	8.45	8.59	8.73	8.88	9.01	9.20	9.36	9.53	9.71	9.90	10.10
.20	7.45	7.55	7.66	7.77	7.88	7.99	8.11	8.23	8.36	8.49	8.62	8.76	8.90	9.04	9.19	9.35	9.51	9.68	9.85	10.03	10.22	10.42	10.62
0.21	7.83	7.93	8.04	8.16	8.27	8.39	8.52	8.64	8.78	8.91	9.05	9.19	9.34	9.50	9.65	9.82	9.99	10.16	10.35	10.54	10.73	10.94	11.15
.22	8.20	8.31	8.43	8.55	8.67	8.79	8.92	9.06	9.19	9.33	9.48	9.63	9.79	9.95	10.11	10.29	10.47	10.65	10.84	11.04	11.24	11.46	11.68
.23	8.57	8.69	8.81	8.94	9.06	9.19	9.33	9.47	9.61	9.76	9.91	10.07	10.23	10.40	10.57	10.75	10.94	11.13	11.33	11.54	11.75	11.98	12.21
.24	8.94	9.07	9.19	9.32	9.46	9.59	9.73	9.88	10.03	10.18	10.34	10.51	10.68	10.85	11.03	11.22	11.42	11.62	11.82	12.04	12.26	12.50	12.74
.25	9.32	9.45	9.58	9.71	9.85	9.99	10.14	10.29	10.45	10.61	10.77	10.94	11.12	11.30	11.49	11.69	11.89	12.10	12.32	12.54	12.78	13.02	13.27
0.26	9.69	9.82	9.96	10.10	10.24	10.39	10.54	10.70	10.87	11.03	11.20	11.38	11.57	11.76	11.95	12.16	12.37	12.58	12.81	13.04	13.29	13.54	13.80
.27	10.06	10.20	10.34	10.49	10.64	10.79	10.95	11.11	11.28	11.46	11.63	11.82	12.01	12.21	12.41	12.63	12.84	13.07	13.30	13.55	13.80	14.06	14.33
.28	10.44	10.58	10.72	10.88	11.03	11.19	11.36	11.52	11.70	11.88	12.07	12.26	12.46	12.66	12.87	13.09	13.32	13.55	13.80	14.05	14.31	14.58	14.87
.29	10.81	10.96	11.11	11.27	11.43	11.59	11.76	11.93	12.12	12.30	12.50	12.70	12.90	13.11	13.33	13.56	13.80	14.04	14.29	14.54	14.82	15.10	15.40
.30	11.18	11.33	11.49	11.66	11.82	11.99	12.17	12.35	12.54	12.73	12.93	13.13	13.35	13.57	13.79	14.03	14.27	14.52	14.78	15.05	15.33	15.62	15.93
0.31	11.55	11.71	11.87	12.04	12.21	12.39	12.53	12.76	12.95	13.15	13.36	13.57	13.79	14.02	14.25	14.50	14.75	15.00	15.27	15.55	15.84	16.14	16.46
.32	11.93	12.09	12.26	12.43	12.61	12.79	12.98	13.17	13.37	13.58	13.79	14.01	14.23	14.47	14.71	14.96	15.22	15.49	15.77	16.06	16.35	16.67	16.99
.33	12.30	12.47	12.64	12.82	13.00	13.19	13.38	13.58	13.79	14.00	14.22	14.45	14.68	14.92	15.17	15.43	15.70	15.97	16.26	16.56	16.86	17.19	17.52
.34	12.67	12.85	13.02	13.21	13.40	13.59	13.79	13.99	14.21	14.43	14.65	14.89	15.13	15.37	15.63	15.90	16.17	16.46	16.75	17.06	17.37	17.71	18.05
.35	13.04	13.23	13.41	13.60	13.79	13.99	14.20	14.41	14.63	14.85	15.08	15.32	15.57	15.83	16.09	16.37	16.65	16.94	17.24	17.56	17.89	18.23	18.58
0.36	13.42	13.60	13.79	13.99	14.18	14.39	14.60	14.82	15.04	15.27	15.51	15.76	16.02	16.28	16.55	16.83	17.13	17.42	17.74	18.06	18.40	18.75	19.11
.37	13.79	13.98	14.17	14.37	14.58	14.79	15.01	15.23	15.46	15.70	15.94	16.20	16.46	16.73	17.01	17.30	17.60	17.91	18.23	18.56	18.91	19.27	19.64
.38	14.16	14.36	14.55	14.76	14.97	15.19	15.41	15.64	15.88	16.12	16.37	16.64	16.91	17.18	17.47	17.77	18.08	18.39	18.72	19.07	19.42	19.79	20.17
.39	14.54	14.73	14.94	15.15	15.37	15.59	15.82	16.05	16.30	16.55	16.81	17.07	17.35	17.64	17.93	18.24	18.55	18.88	19.22	19.57	19.93	20.31	20.71
.40	14.91	15.11	15.32	15.54	15.76	15.99	16.22	16.46	16.72	16.97	17.24	17.51	17.80	18.09	18.39	18.70	19.03	19.36	19.71	20.07	20.44	20.83	21.24
0.41	15.28	15.49	15.70	15.93	16.15	16.39	16.63	16.68	17.13	17.40	17.67	17.95	18.24	18.54	18.85	19.17	19.50	19.84	20.20	20.57	20.95	21.35	21.77
.42	15.65	15.87	16.09	16.32	16.55	16.79	17.03	17.29	17.55	17.82	18.10	18.38	18.69	18.99	19.31	19.64	19.98	20.32	20.69	21.07	21.46	21.87	22.30
.43	16.03	16.25	16.47	16.71	16.94	17.19	17.44	17.70	17.97	18.24	18.53	18.83	19.13	19.44	19.77	20.11	20.46	20.82	21.18	21.57	21.97	22.39	22.83
.44	16.40	16.63	16.85	17.09	17.34	17.59	17.85	18.11	18.39	18.67	18.96	19.26	19.58	19.90	20.23	20.57	20.93	21.30	21.67	22.08	22.48	22.92	23.36
.45	16.77	17.00	17.24	17.46	17.73	17.99	18.25	18.52	18.81	19.09	19.39	19.70	20.02	20.35	20.69	21.04	21.41	21.78	22.16	22.58	23.00	23.44	23.89
0.46	17.14	17.38	17.62	17.87	18.12	18.39	18.66	18.93	19.22	19.52	19.82	20.14	20.47	20.80	21.15	21.51	21.88	22.26	22.66	23.08	23.51	23.96	24.42
.47	17.52	17.76	18.00	18.26	18.52	18.79	19.06	19.34	19.64	19.94	20.25	20.58	20.91	21.25	21.61	21.98	22.36	22.75	23.15	23.58	24.02	24.48	24.95
.48	17.89	18.13	18.38	18.65	18.91	19.19	19.47	19.76	20.06	20.37	20.68	21.01	21.36	21.71	22.07	22.44	22.83	23.23	23.65	24.08	24.53	25.00	25.48
.49	18.26	18.51	18.77	19.04	19.31	19.59	19.87	20.17	20.48	20.79	21.11	21.45	21.80	22.15	22.53	22.91	23.31	23.72	24.14	24.58	25.04	25.52	26.01
.50	18.64	18.89	19.15	19.42	19.70	19.98	20.28	20.58	20.89	21.22	21.55	21.89	22.24	22.61	22.99	23.38	23.78	24.20	24.64	25.00	25.55	26.04	26.54

VALUES OF THE LEVEL CORRECTION, Bb.

Argument: Declination of Star.

The Correction has the same sign as the Constant. In reflection observations the sign is reversed.

Declination of Star.

Constant	86° 35'	36'	37'	38'	39'	87° 9'	10'	11'	12'	13'	14'	15'	88° 36'	37'	38'	39'	40'	41'	42'	43'	44'	45'	46'
0.01	0.11	0.11	0.11	0.11	0.12	0.13	0.13	0.14	0.14	0.14	0.14	0.14	0.26	0.27	0.27	0.27	0.28	0.28	0.28	0.29	0.29	0.30	0.30
.02	0.23	0.23	0.23	0.23	0.23	0.27	0.27	0.27	0.27	0.27	0.28	0.28	0.53	0.54	0.54	0.55	0.56	0.56	0.57	0.58	0.58	0.59	0.60
.03	0.34	0.34	0.34	0.34	0.34	0.40	0.40	0.41	0.41	0.41	0.41	0.42	0.79	0.80	0.81	0.83	0.84	0.85	0.86	0.88	0.89	0.90	0.90
.04	0.45	0.45	0.46	0.46	0.46	0.54	0.54	0.54	0.54	0.55	0.55	0.55	1.06	1.07	1.08	1.10	1.11	1.13	1.14	1.15	1.17	1.18	1.20
.05	0.57	0.57	0.57	0.57	0.58	0.67	0.67	0.68	0.68	0.68	0.69	0.69	1.32	1.34	1.35	1.37	1.39	1.40	1.42	1.44	1.46	1.48	1.50
0.06	0.68	0.68	0.68	0.69	0.69	0.80	0.81	0.81	0.82	0.82	0.83	0.83	1.59	1.61	1.63	1.65	1.66	1.69	1.71	1.73	1.75	1.77	1.80
.07	0.79	0.79	0.80	0.80	0.80	0.94	0.94	0.95	0.95	0.96	0.96	0.97	1.85	1.87	1.90	1.92	1.94	1.97	1.99	2.02	2.04	2.07	2.10
.08	0.90	0.91	0.91	0.92	0.92	1.07	1.08	1.08	1.09	1.10	1.10	1.11	2.12	2.14	2.17	2.19	2.22	2.25	2.28	2.30	2.33	2.36	2.40
.09	1.02	1.02	1.03	1.03	1.04	1.21	1.21	1.22	1.23	1.23	1.24	1.25	2.38	2.41	2.44	2.47	2.50	2.53	2.56	2.59	2.63	2.66	2.69
.10	1.13	1.13	1.14	1.14	1.15	1.34	1.35	1.35	1.36	1.37	1.38	1.38	2.65	2.68	2.71	2.74	2.78	2.81	2.84	2.88	2.92	2.96	2.99
0.11	1.24	1.25	1.25	1.26	1.26	1.47	1.48	1.49	1.50	1.51	1.51	1.52	2.91	2.95	2.98	3.02	3.05	3.09	3.13	3.17	3.21	3.25	3.29
.12	1.36	1.36	1.37	1.37	1.38	1.61	1.62	1.62	1.63	1.64	1.65	1.66	3.18	3.21	3.25	3.29	3.33	3.37	3.41	3.46	3.50	3.55	3.59
.13	1.47	1.48	1.48	1.49	1.50	1.74	1.75	1.76	1.77	1.78	1.79	1.80	3.44	3.48	3.52	3.56	3.61	3.65	3.70	3.74	3.79	3.84	3.89
.14	1.58	1.59	1.60	1.60	1.61	1.88	1.88	1.90	1.91	1.92	1.93	1.94	3.71	3.75	3.79	3.84	3.88	3.93	3.98	4.03	4.09	4.14	4.19
.15	1.70	1.70	1.71	1.72	1.72	2.01	2.02	2.03	2.04	2.06	2.07	2.08	3.97	4.02	4.06	4.11	4.16	4.21	4.27	4.32	4.38	4.43	4.49
0.16	1.81	1.82	1.83	1.83	1.84	2.14	2.15	2.17	2.18	2.19	2.20	2.22	4.24	4.28	4.34	4.39	4.44	4.49	4.55	4.61	4.67	4.73	4.79
.17	1.92	1.93	1.94	1.95	1.96	2.28	2.29	2.30	2.32	2.33	2.34	2.35	4.50	4.55	4.61	4.66	4.72	4.78	4.84	4.90	4.96	5.02	5.09
.18	2.03	2.04	2.05	2.06	2.07	2.41	2.42	2.44	2.45	2.47	2.48	2.49	4.76	4.82	4.88	4.94	5.00	5.06	5.12	5.18	5.25	5.32	5.39
.19	2.15	2.16	2.17	2.18	2.18	2.55	2.56	2.57	2.59	2.60	2.62	2.63	5.03	5.09	5.15	5.21	5.27	5.34	5.41	5.47	5.54	5.61	5.69
.20	2.26	2.27	2.28	2.29	2.30	2.68	2.69	2.71	2.72	2.74	2.75	2.77	5.29	5.36	5.42	5.48	5.55	5.62	5.69	5.76	5.81	5.91	5.99
0.21	2.37	2.38	2.39	2.40	2.42	2.81	2.83	2.84	2.86	2.88	2.89	2.91	5.56	5.62	5.69	5.76	5.83	5.90	5.97	6.05	6.13	6.21	6.29
.22	2.49	2.50	2.51	2.52	2.53	2.95	2.96	2.98	3.00	3.01	3.03	3.05	5.82	5.89	5.96	6.03	6.11	6.18	6.26	6.34	6.42	6.50	6.59
.23	2.60	2.61	2.62	2.63	2.64	3.08	3.10	3.11	3.13	3.15	3.17	3.19	6.09	6.16	6.23	6.31	6.38	6.46	6.54	6.62	6.71	6.80	6.89
.24	2.71	2.72	2.74	2.75	2.76	3.22	3.23	3.25	3.27	3.29	3.30	3.32	6.35	6.43	6.50	6.58	6.66	6.74	6.83	6.91	7.00	7.09	7.19
.25	2.82	2.84	2.85	2.86	2.87	3.35	3.36	3.39	3.40	3.42	3.44	3.46	6.62	6.69	6.77	6.86	6.94	7.02	7.11	7.20	7.30	7.39	7.48
0.26	2.94	2.95	2.96	2.98	2.99	3.48	3.50	3.52	3.54	3.56	3.58	3.60	6.88	6.96	7.05	7.13	7.22	7.31	7.40	7.49	7.59	7.68	7.78
.27	3.05	3.06	3.08	3.09	3.11	3.62	3.63	3.66	3.68	3.70	3.72	3.74	7.15	7.23	7.32	7.40	7.49	7.59	7.66	7.78	7.88	7.98	8.08
.28	3.16	3.18	3.19	3.21	3.22	3.75	3.77	3.79	3.81	3.84	3.86	3.88	7.41	7.50	7.59	7.68	7.77	7.87	7.97	8.06	8.17	8.27	8.38
.29	3.28	3.29	3.31	3.32	3.34	3.89	3.90	3.93	3.95	3.97	3.99	4.02	7.68	7.77	7.86	7.95	8.05	8.15	8.25	8.35	8.46	8.57	8.68
.30	3.39	3.40	3.42	3.44	3.45	4.02	4.03	4.06	4.09	4.11	4.13	4.16	7.94	8.03	8.13	8.23	8.32	8.43	8.54	8.64	8.75	8.86	8.98
0.31	3.50	3.52	3.53	3.55	3.57	4.15	4.17	4.20	4.22	4.25	4.27	4.29	8.21	8.30	8.40	8.50	8.60	8.71	8.82	8.93	9.05	9.16	9.28
.32	3.62	3.63	3.65	3.66	3.68	4.29	4.30	4.33	4.36	4.38	4.41	4.43	8.47	8.57	8.67	8.77	8.88	8.99	9.10	9.22	9.34	9.46	9.58
.33	3.73	3.75	3.76	3.78	3.80	4.42	4.44	4.47	4.49	4.52	4.54	4.57	8.74	8.84	8.94	9.05	9.16	9.27	9.39	9.50	9.63	9.75	9.88
.34	3.84	3.86	3.88	3.89	3.91	4.56	4.58	4.60	4.63	4.66	4.68	4.71	9.00	9.11	9.21	9.32	9.44	9.55	9.67	9.79	9.92	10.05	10.18
.35	3.96	3.97	3.99	4.01	4.03	4.69	4.71	4.74	4.77	4.80	4.82	4.85	9.26	9.37	9.48	9.60	9.71	9.83	9.96	10.08	10.21	10.34	10.48
0.36	4.07	4.09	4.10	4.12	4.14	4.82	4.85	4.87	4.90	4.93	4.96	4.99	9.53	9.64	9.75	9.87	9.99	10.12	10.24	10.37	10.50	10.64	10.78
.37	4.18	4.20	4.22	4.24	4.26	4.96	4.98	5.01	5.04	5.07	5.10	5.12	9.79	9.90	10.03	10.15	10.27	10.40	10.53	10.66	10.80	10.93	11.08
.38	4.29	4.31	4.33	4.35	4.37	5.09	5.11	5.15	5.18	5.21	5.23	5.26	10.06	10.18	10.30	10.42	10.54	10.68	10.81	10.94	11.09	11.23	11.38
.39	4.41	4.43	4.45	4.47	4.49	5.23	5.25	5.28	5.31	5.34	5.37	5.40	10.32	10.44	10.57	10.69	10.82	10.96	11.09	11.23	11.38	11.52	11.68
.40	4.52	4.54	4.56	4.58	4.60	5.36	5.38	5.42	5.45	5.48	5.51	5.54	10.59	10.71	10.84	10.97	11.10	11.24	11.38	11.52	11.67	11.82	11.98
0.41	4.63	4.65	4.67	4.69	4.71	5.49	5.52	5.55	5.58	5.62	5.65	5.68	10.85	10.98	11.11	11.24	11.38	11.52	11.66	11.81	11.96	12.12	12.28
.42	4.75	4.77	4.79	4.81	4.83	5.63	5.65	5.69	5.72	5.75	5.78	5.82	11.12	11.25	11.38	11.52	11.66	11.80	11.95	12.10	12.26	12.41	12.57
.43	4.86	4.88	4.90	4.92	4.94	5.76	5.79	5.82	5.86	5.89	5.92	5.96	11.38	11.52	11.65	11.79	11.93	12.08	12.23	12.38	12.55	12.71	12.87
.44	4.97	4.99	5.02	5.04	5.06	5.90	5.92	5.96	5.99	6.03	6.06	6.10	11.65	11.78	11.92	12.06	12.21	12.36	12.52	12.67	12.84	13.00	13.17
.45	5.08	5.11	5.13	5.15	5.17	6.03	6.06	6.09	6.13	6.16	6.20	6.23	11.91	12.05	12.19	12.34	12.49	12.64	12.80	12.96	13.13	13.30	13.47
0.46	5.20	5.22	5.24	5.27	5.29	6.16	6.19	6.23	6.27	6.30	6.33	6.37	12.18	12.32	12.47	12.61	12.76	12.93	13.09	13.25	13.42	13.59	13.77
.47	5.31	5.33	5.36	5.38	5.40	6.30	6.33	6.36	6.40	6.44	6.47	6.51	12.44	12.59	12.74	12.89	13.04	13.21	13.37	13.54	13.71	13.89	14.07
.48	5.42	5.45	5.47	5.50	5.52	6.43	6.46	6.50	6.54	6.58	6.61	6.65	12.71	12.85	13.01	13.16	13.32	13.49	13.66	13.82	14.01	14.18	14.37
.49	5.54	5.56	5.59	5.61	5.63	6.57	6.60	6.63	6.67	6.71	6.75	6.79	12.97	13.13	13.28	13.44	13.60	13.77	13.94	14.11	14.30	14.48	14.67
.50	5.65	5.67	5.70	5.73	5.75	6.70	6.73	6.77	6.81	6.85	6.89	6.92	13.23	13.39	13.55	13.71	13.88	14.05	14.22	14.40	14.59	14.78	14.97

VALUES OF THE LEVEL CORRECTION, Bb.

Argument: Declination of Star.

The Correction has the same sign as the Constant. In reflection observations the sign is reversed.

Declination of Star.

Constant	58° 47'	48'	49'	50'	51'	52'	53'	54'	55'	56'	57'	58'	59'	89° 0'	1'	2'	3'	4'	5'	6'	7'	8'	9'
s.	s.	s.	s.	s.	s.	s.	s.	s.	s.	s.	s.	s.	s.	s.	s.	s.	s.	s.	s.	s.	s.	s.	s.
0.01	0.30	0.31	0.31	0.32	0.32	0.33	0.33	0.33	0.34	0.35	0.35	0.36	0.36	0.37	0.37	0.38	0.39	0.39	0.40	0.41	0.42	0.42	0.43
.02	0.61	0.62	0.62	0.63	0.64	0.65	0.66	0.67	0.68	0.69	0.70	0.71	0.72	0.74	0.75	0.76	0.77	0.79	0.80	0.81	0.83	0.85	0.86
.03	0.91	0.92	0.94	0.95	0.96	0.98	0.99	1.00	1.02	1.04	1.05	1.07	1.08	1.10	1.12	1.14	1.16	1.18	1.20	1.22	1.24	1.27	1.29
.04	1.21	1.23	1.25	1.26	1.28	1.30	1.32	1.34	1.36	1.38	1.40	1.42	1.45	1.47	1.49	1.52	1.55	1.57	1.60	1.63	1.66	1.69	1.72
.05	1.52	1.54	1.56	1.58	1.60	1.63	1.65	1.67	1.70	1.72	1.75	1.78	1.81	1.84	1.87	1.90	1.93	1.97	2.00	2.04	2.08	2.11	2.16
0.06	1.82	1.84	1.87	1.90	1.92	1.95	1.98	2.01	2.04	2.07	2.10	2.14	2.17	2.21	2.21	2.28	2.32	2.36	2.40	2.44	2.49	2.54	2.59
.07	2.12	2.15	2.18	2.21	2.24	2.28	2.31	2.34	2.38	2.42	2.45	2.49	2.53	2.57	2.62	2.66	2.70	2.75	2.80	2.85	2.90	2.96	3.02
.08	2.43	2.46	2.49	2.53	2.56	2.60	2.64	2.68	2.72	2.76	2.80	2.85	2.89	2.94	2.99	3.04	3.09	3.15	3.20	3.26	3.32	3.38	3.45
.09	2.73	2.77	2.81	2.84	2.89	2.93	2.97	3.01	3.06	3.10	3.15	3.20	3.25	3.31	3.36	3.42	3.48	3.54	3.60	3.67	3.74	3.81	3.88
.10	3.03	3.08	3.12	3.16	3.21	3.25	3.30	3.35	3.40	3.45	3.50	3.56	3.62	3.67	3.74	3.80	3.86	3.93	4.00	4.07	4.15	4.23	4.31
0.11	3.34	3.38	3.43	3.48	3.53	3.58	3.63	3.68	3.74	3.80	3.85	3.91	3.98	4.04	4.11	4.18	4.25	4.33	4.40	4.48	4.56	4.65	4.74
.12	3.64	3.69	3.74	3.79	3.85	3.90	3.96	4.02	4.08	4.14	4.20	4.27	4.34	4.41	4.48	4.56	4.64	4.72	4.80	4.89	4.98	5.07	5.17
.13	3.94	4.00	4.05	4.11	4.17	4.23	4.29	4.35	4.42	4.48	4.56	4.63	4.70	4.78	4.86	4.94	5.02	5.11	5.20	5.30	5.40	5.50	5.60
.14	4.25	4.31	4.37	4.43	4.49	4.55	4.62	4.69	4.76	4.83	4.91	4.98	5.06	5.15	5.23	5.32	5.41	5.50	5.60	5.70	5.81	5.92	6.03
.15	4.55	4.61	4.68	4.74	4.81	4.88	4.95	5.02	5.10	5.18	5.26	5.34	5.42	5.51	5.60	5.70	5.80	5.90	6.00	6.11	6.22	6.34	6.46
0.16	4.85	4.92	4.99	5.06	5.13	5.20	5.28	5.36	5.44	5.52	5.61	5.69	5.79	5.88	5.98	6.06	6.18	6.29	6.40	6.52	6.64	6.76	6.90
.17	5.16	5.23	5.30	5.37	5.45	5.53	5.61	5.69	5.78	5.86	5.96	6.05	6.15	6.26	6.25	6.46	6.57	6.68	6.80	6.93	7.06	7.19	7.33
.18	5.46	5.54	5.61	5.69	5.77	5.85	5.94	6.03	6.12	6.21	6.31	6.41	6.51	6.62	6.72	6.84	6.96	7.08	7.20	7.33	7.47	7.61	7.76
.19	5.76	5.84	5.92	6.01	6.09	6.18	6.27	6.36	6.46	6.56	6.66	6.76	6.87	6.98	7.10	7.22	7.34	7.47	7.60	7.74	7.88	8.03	8.19
.20	6.07	6.15	6.24	6.32	6.41	6.50	6.60	6.70	6.80	6.90	7.01	7.12	7.23	7.35	7.47	7.60	7.73	7.86	8.00	8.15	8.30	8.46	8.62
0.21	6.37	6.46	6.55	6.64	6.73	6.83	6.93	7.03	7.11	7.24	7.36	7.47	7.59	7.72	7.85	7.98	8.11	8.26	8.40	8.56	8.72	8.88	9.05
.22	6.68	6.76	6.86	6.95	7.05	7.15	7.26	7.37	7.48	7.59	7.71	7.83	7.96	8.08	8.22	8.36	8.50	8.65	8.80	8.96	9.13	9.30	9.48
.23	6.98	7.07	7.17	7.27	7.37	7.48	7.59	7.70	7.82	7.94	8.06	8.19	8.32	8.45	8.59	8.74	8.89	9.04	9.20	9.37	9.54	9.72	9.91
.24	7.28	7.38	7.48	7.59	7.69	7.80	7.92	8.04	8.16	8.28	8.41	8.54	8.68	8.82	8.97	9.12	9.27	9.44	9.60	9.78	9.96	10.15	10.34
.25	7.59	7.69	7.80	7.90	8.02	8.13	8.25	8.37	8.50	8.62	8.76	8.90	9.04	9.19	9.34	9.50	9.66	9.83	10.00	10.19	10.38	10.57	10.78
0.26	7.89	8.00	8.11	8.22	8.34	8.46	8.58	8.70	8.83	8.97	9.11	9.25	9.40	9.56	9.71	9.88	10.05	10.22	10.41	10.59	10.79	10.99	11.21
.27	8.19	8.30	8.42	8.53	8.66	8.78	8.91	9.04	9.17	9.32	9.46	9.61	9.76	9.92	10.09	10.26	10.43	10.62	10.81	11.00	11.20	11.42	11.62
.28	8.50	8.61	8.73	8.85	8.98	9.11	9.24	9.37	9.51	9.66	9.81	9.97	10.12	10.29	10.46	10.64	10.82	11.01	11.21	11.41	11.62	11.84	12.07
.29	8.80	8.92	9.04	9.17	9.30	9.43	9.57	9.71	9.85	10.00	10.16	10.32	10.49	10.66	10.83	11.02	11.21	11.41	11.61	11.82	12.04	12.26	12.50
.30	9.10	9.23	9.35	9.48	9.62	9.76	9.90	10.04	10.19	10.35	10.51	10.68	10.85	11.02	11.21	11.40	11.59	11.80	12.01	12.22	12.45	12.68	12.93
0.31	9.41	9.53	9.67	9.80	9.94	10.08	10.23	10.38	10.53	10.70	10.86	11.03	11.21	11.39	11.58	11.78	11.98	12.19	12.41	12.63	12.86	13.11	13.36
.32	9.71	9.84	9.98	10.12	10.26	10.41	10.56	10.71	10.87	11.04	11.21	11.39	11.57	11.76	11.96	12.16	12.36	12.58	12.81	13.03	13.28	13.53	13.79
.33	10.01	10.15	10.29	10.43	10.58	10.73	10.89	11.05	11.21	11.38	11.56	11.74	11.93	12.13	12.33	12.54	12.75	12.98	13.21	13.45	13.70	13.95	14.22
.34	10.32	10.46	10.60	10.75	10.90	11.06	11.22	11.38	11.55	11.73	11.91	12.10	12.29	12.50	12.70	12.92	13.14	13.37	13.61	13.85	14.11	14.37	14.65
.35	10.62	10.76	10.91	11.06	11.22	11.38	11.55	11.72	11.89	12.08	12.26	12.46	12.66	12.86	13.08	13.30	13.52	13.76	14.01	14.26	14.52	14.80	15.08
0.36	10.92	11.07	11.22	11.38	11.54	11.71	11.88	12.05	12.23	12.42	12.61	12.81	13.02	13.23	13.45	13.68	13.91	14.16	14.41	14.67	14.94	15.22	15.52
.37	11.23	11.38	11.54	11.70	11.86	12.03	12.21	12.39	12.57	12.76	12.96	13.17	13.38	13.60	13.83	14.06	14.30	14.55	14.81	15.08	15.36	15.64	15.95
.38	11.53	11.69	11.85	12.01	12.18	12.36	12.54	12.72	12.91	13.11	13.32	13.52	13.74	13.97	14.20	14.44	14.68	14.94	15.21	15.48	15.77	16.07	16.38
.39	11.83	11.99	12.16	12.33	12.50	12.68	12.87	13.06	13.25	13.46	13.67	13.88	14.10	14.33	14.57	14.82	15.07	15.33	15.60	15.89	16.18	16.49	16.81
.40	12.14	12.30	12.47	12.64	12.82	13.01	13.20	13.39	13.59	13.80	14.02	14.24	14.46	14.70	14.94	15.20	15.46	15.73	16.00	16.30	16.60	16.91	17.24
0.41	12.44	12.61	12.78	12.96	13.14	13.33	13.53	13.73	13.93	14.14	14.37	14.59	14.83	15.07	15.32	15.58	15.84	16.12	16.41	16.71	17.02	17.33	17.67
.42	12.74	12.92	13.10	13.28	13.47	13.67	13.86	14.06	14.27	14.49	14.72	14.95	15.19	15.43	15.82	15.80	16.06	16.34	16.62	16.91	17.21	17.67	18.10
.43	13.05	13.23	13.41	13.59	13.79	13.98	14.19	14.40	14.61	14.84	15.07	15.30	15.55	15.80	16.06	16.34	16.62	16.91	17.21	17.52	17.82	18.18	18.53
.44	13.35	13.53	13.72	13.91	14.11	14.31	14.52	14.73	14.95	15.18	15.42	15.66	15.91	16.17	16.44	16.72	17.00	17.30	17.61	17.93	18.26	18.60	18.97
.45	13.65	13.84	14.03	14.22	14.43	14.63	14.85	15.07	15.29	15.52	15.77	16.02	16.28	16.54	16.81	17.10	17.39	17.69	18.01	18.34	18.68	19.03	19.40
0.46	13.96	14.15	14.34	14.54	14.75	14.96	15.18	15.40	15.63	15.87	16.12	16.37	16.63	16.90	17.19	17.48	17.77	18.08	18.41	18.74	19.08	19.45	19.83
.47	14.26	14.45	14.65	14.86	15.07	15.29	15.51	15.74	15.97	16.22	16.47	16.73	17.00	17.27	17.56	17.86	18.16	18.48	18.81	19.15	19.50	19.87	20.26
.48	14.56	14.76	14.97	15.18	15.40	15.61	15.84	16.07	16.31	16.56	16.82	17.08	17.36	17.64	17.93	18.24	18.55	18.87	19.21	19.56	19.92	20.29	20.69
.49	14.87	15.07	15.28	15.49	15.71	15.93	16.17	16.41	16.65	16.90	17.17	17.44	17.72	18.01	18.31	18.62	18.93	19.27	19.61	19.97	20.34	20.72	21.12
.50	15.17	15.38	15.59	15.80	16.03	16.26	16.49	16.74	16.99	17.25	17.52	17.79	18.08	18.37	18.68	19.00	19.32	19.66	20.01	20.37	20.75	21.14	21.55

14

TABLES OF INSTRUMENTAL CONSTANTS AND CORRECTIONS.

VALUES OF THE LEVEL CORRECTION, $Bb.$, S. P.

Argument: Declination of Star.

The Constant and the Correction have opposite signs. In reflection observations the Correction has the same sign as the Constant.

Declination of Star.

Constant	36° 35'	36'	37'	38'	39'	87° 9'	10'	11'	12'	13'	14'	15'	88° 36'	37'	38'	39'	40'	41'	42'	43'	44'	45'	46'
	s.	s.	s.	s.	s.	s.	s.	s.	s.	s.	s.	s.	s.	s.	s.	s.	s.	s.	s.	s.	s.	s.	s.
0.01	0.10	0.10	0.10	0.10	0.10	0.12	0.12	0.12	0.12	0.12	0.12	0.12	0.25	0.25	0.26	0.26	0.26	0.27	0.27	0.27	0.28	0.28	0.28
.02	0.19	0.20	0.20	0.20	0.20	0.24	0.24	0.24	0.24	0.24	0.24	0.25	0.50	0.50	0.51	0.52	0.52	0.53	0.54	0.54	0.55	0.56	0.57
.03	0.29	0.29	0.30	0.30	0.30	0.35	0.36	0.36	0.36	0.36	0.37	0.37	0.75	0.76	0.77	0.78	0.79	0.80	0.81	0.82	0.83	0.84	0.85
.04	0.39	0.39	0.39	0.40	0.40	0.47	0.48	0.48	0.48	0.49	0.49	0.49	1.00	1.01	1.02	1.03	1.05	1.06	1.08	1.09	1.10	1.12	1.14
.05	0.49	0.49	0.49	0.50	0.50	0.59	0.60	0.60	0.60	0.61	0.61	0.61	1.25	1.26	1.28	1.29	1.31	1.33	1.34	1.36	1.38	1.40	1.42
0.06	0.58	0.59	0.59	0.59	0.60	0.71	0.71	0.72	0.72	0.73	0.73	0.74	1.50	1.51	1.53	1.55	1.57	1.59	1.61	1.64	1.66	1.68	1.70
.07	0.68	0.69	0.69	0.69	0.70	0.83	0.83	0.84	0.84	0.85	0.86	0.86	1.74	1.77	1.79	1.81	1.83	1.86	1.88	1.91	1.93	1.96	1.99
.08	0.78	0.78	0.79	0.79	0.80	0.95	0.95	0.96	0.96	0.97	0.98	0.98	1.99	2.02	2.04	2.07	2.10	2.12	2.15	2.18	2.21	2.24	2.27
.09	0.88	0.88	0.89	0.89	0.90	1.06	1.07	1.08	1.09	1.09	1.10	1.11	2.24	2.27	2.30	2.33	2.36	2.39	2.42	2.45	2.49	2.52	2.56
.10	0.97	0.98	0.98	0.99	1.00	1.18	1.19	1.20	1.21	1.21	1.22	1.23	2.49	2.52	2.55	2.59	2.62	2.65	2.69	2.72	2.76	2.80	2.84
0.11	1.07	1.08	1.08	1.09	1.09	1.30	1.31	1.32	1.33	1.34	1.34	1.35	2.74	2.77	2.81	2.84	2.88	2.92	2.96	3.00	3.04	3.08	3.12
.12	1.17	1.17	1.18	1.19	1.19	1.42	1.43	1.44	1.45	1.46	1.47	1.47	2.99	3.03	3.06	3.10	3.14	3.18	3.23	3.27	3.31	3.36	3.41
.13	1.27	1.27	1.28	1.29	1.29	1.54	1.55	1.56	1.57	1.58	1.59	1.60	3.24	3.28	3.32	3.36	3.41	3.45	3.50	3.54	3.59	3.64	3.69
.14	1.36	1.37	1.38	1.39	1.39	1.66	1.67	1.68	1.69	1.70	1.71	1.72	3.49	3.53	3.58	3.62	3.67	3.72	3.76	3.82	3.87	3.92	3.97
.15	1.46	1.47	1.48	1.49	1.49	1.77	1.79	1.80	1.81	1.82	1.83	1.84	3.74	3.78	3.83	3.88	3.93	3.98	4.03	4.09	4.14	4.20	4.26
0.16	1.56	1.57	1.57	1.58	1.59	1.89	1.90	1.92	1.93	1.94	1.96	1.97	3.99	4.04	4.09	4.14	4.19	4.25	4.30	4.36	4.42	4.48	4.54
.17	1.66	1.66	1.67	1.68	1.69	2.01	2.02	2.04	2.05	2.06	2.08	2.09	4.24	4.29	4.34	4.40	4.45	4.51	4.57	4.63	4.70	4.76	4.83
.18	1.75	1.76	1.77	1.78	1.79	2.13	2.14	2.16	2.17	2.18	2.20	2.21	4.49	4.54	4.60	4.65	4.72	4.78	4.84	4.90	4.97	5.04	5.11
.19	1.85	1.86	1.87	1.88	1.89	2.25	2.26	2.28	2.29	2.31	2.32	2.33	4.74	4.79	4.85	4.91	4.98	5.04	5.11	5.18	5.25	5.32	5.39
.20	1.95	1.96	1.97	1.98	1.99	2.37	2.38	2.40	2.41	2.43	2.44	2.46	4.98	5.04	5.11	5.17	5.24	5.31	5.38	5.45	5.52	5.60	5.68
0.21	2.05	2.06	2.07	2.08	2.09	2.48	2.50	2.52	2.53	2.55	2.57	2.58	5.23	5.30	5.36	5.43	5.50	5.57	5.65	5.72	5.80	5.88	5.96
.22	2.14	2.15	2.16	2.18	2.19	2.60	2.62	2.64	2.65	2.67	2.69	2.70	5.48	5.55	5.62	5.69	5.76	5.84	5.92	6.00	6.08	6.16	6.25
.23	2.24	2.25	2.26	2.28	2.29	2.72	2.74	2.76	2.77	2.79	2.81	2.83	5.73	5.80	5.87	5.95	6.03	6.10	6.18	6.27	6.35	6.44	6.53
.24	2.34	2.35	2.36	2.38	2.39	2.84	2.86	2.88	2.89	2.91	2.93	2.95	5.98	6.05	6.13	6.21	6.29	6.37	6.45	6.54	6.63	6.72	6.81
.25	2.44	2.45	2.46	2.48	2.49	2.96	2.98	3.00	3.02	3.04	3.06	3.07	6.23	6.30	6.38	6.46	6.55	6.64	6.72	6.81	6.90	7.00	7.10
0.26	2.53	2.55	2.56	2.57	2.59	3.08	3.09	3.11	3.14	3.16	3.18	3.20	6.48	6.56	6.64	6.72	6.81	6.90	6.99	7.09	7.18	7.28	7.38
.27	2.63	2.64	2.66	2.67	2.69	3.19	3.21	3.23	3.26	3.28	3.30	3.32	6.73	6.81	6.90	6.98	7.07	7.17	7.26	7.36	7.46	7.56	7.67
.28	2.73	2.74	2.76	2.77	2.79	3.31	3.33	3.35	3.38	3.40	3.42	3.44	6.98	7.06	7.15	7.24	7.34	7.43	7.53	7.63	7.73	7.84	7.95
.29	2.82	2.84	2.85	2.87	2.89	3.43	3.45	3.47	3.50	3.52	3.54	3.56	7.23	7.31	7.41	7.50	7.60	7.70	7.80	7.90	8.01	8.12	8.23
.30	2.92	2.94	2.95	2.97	2.99	3.55	3.57	3.59	3.62	3.64	3.67	3.69	7.48	7.57	7.66	7.76	7.86	7.96	8.07	8.18	8.29	8.40	8.52
0.31	3.02	3.03	3.05	3.07	3.08	3.67	3.69	3.71	3.74	3.76	3.79	3.81	7.73	7.82	7.92	8.02	8.12	8.23	8.34	8.45	8.56	8.68	8.80
.32	3.12	3.13	3.15	3.17	3.18	3.79	3.81	3.83	3.86	3.88	3.91	3.93	7.97	8.07	8.17	8.28	8.38	8.49	8.60	8.72	8.83	8.96	9.08
.33	3.21	3.23	3.25	3.27	3.28	3.90	3.93	3.95	3.98	4.01	4.03	4.06	8.22	8.32	8.43	8.53	8.65	8.76	8.87	8.99	9.11	9.24	9.37
.34	3.31	3.33	3.35	3.37	3.38	4.02	4.05	4.07	4.10	4.13	4.15	4.18	8.47	8.57	8.68	8.79	8.91	9.02	9.14	9.26	9.39	9.52	9.65
.35	3.41	3.43	3.44	3.47	3.48	4.14	4.17	4.19	4.22	4.25	4.28	4.30	8.72	8.83	8.94	9.05	9.17	9.29	9.41	9.54	9.67	9.80	9.94
0.36	3.51	3.52	3.54	3.56	3.58	4.26	4.28	4.31	4.34	4.37	4.40	4.42	8.97	9.08	9.19	9.31	9.43	9.55	9.68	9.81	9.91	10.08	10.22
.37	3.60	3.62	3.64	3.66	3.68	4.38	4.40	4.43	4.46	4.49	4.52	4.55	9.22	9.33	9.45	9.57	9.69	9.82	9.95	10.08	10.22	10.36	10.50
.38	3.70	3.72	3.74	3.76	3.78	4.50	4.52	4.55	4.58	4.61	4.64	4.67	9.47	9.58	9.71	9.83	9.96	10.09	10.22	10.36	10.50	10.64	10.79
.39	3.80	3.82	3.84	3.86	3.88	4.62	4.64	4.67	4.70	4.73	4.76	4.79	9.72	9.83	9.96	10.09	10.22	10.35	10.49	10.63	10.77	10.92	11.07
.40	3.90	3.92	3.94	3.96	3.98	4.74	4.76	4.79	4.82	4.86	4.89	4.92	9.97	10.09	10.22	10.34	10.48	10.62	10.76	10.90	11.05	11.20	11.36
0.41	3.99	4.01	4.03	4.06	4.08	4.86	4.88	4.91	4.94	4.98	5.01	5.04	10.22	10.34	10.47	10.60	10.74	10.88	11.00	11.17	11.32	11.48	11.64
.42	4.09	4.11	4.13	4.16	4.18	4.97	5.00	5.03	5.07	5.10	5.13	5.16	10.47	10.59	10.73	10.86	11.00	11.15	11.29	11.44	11.60	11.76	11.92
.43	4.19	4.21	4.23	4.26	4.28	5.09	5.12	5.15	5.19	5.22	5.25	5.28	10.72	10.84	10.98	11.12	11.27	11.41	11.56	11.72	11.88	12.04	12.21
.44	4.29	4.31	4.33	4.36	4.38	5.21	5.24	5.27	5.31	5.34	5.38	5.41	10.96	11.10	11.24	11.38	11.53	11.68	11.83	11.99	12.15	12.32	12.49
.45	4.38	4.41	4.43	4.46	4.48	5.32	5.36	5.39	5.43	5.46	5.50	5.53	11.21	11.35	11.49	11.64	11.79	11.94	12.10	12.26	12.43	12.60	12.78
0.46	4.48	4.50	4.53	4.55	4.58	5.44	5.47	5.51	5.55	5.58	5.62	5.65	11.46	11.60	11.75	11.90	12.05	12.21	12.37	12.54	12.71	12.88	13.06
.47	4.58	4.60	4.62	4.65	4.68	5.56	5.59	5.63	5.67	5.71	5.74	5.78	11.71	11.85	12.00	12.15	12.31	12.47	12.64	12.81	12.98	13.16	13.34
.48	4.68	4.70	4.72	4.75	4.78	5.68	5.71	5.75	5.79	5.83	5.87	5.90	11.96	12.11	12.26	12.41	12.57	12.74	12.91	13.08	13.26	13.44	13.63
.49	4.77	4.80	4.82	4.85	4.88	5.80	5.83	5.87	5.91	5.95	5.99	6.02	12.21	12.36	12.51	12.67	12.84	13.00	13.18	13.35	13.53	13.73	13.91
.50	4.87	4.90	4.92	4.95	4.97	5.92	5.95	5.99	6.03	6.07	6.11	6.15	12.46	12.61	12.77	12.93	13.10	13.27	13.44	13.62	13.81	14.00	14.19

VALUES OF THE LEVEL CORRECTION, $Bb.$, S. P.

Argument: Declination of Star.

The Constant and the Correction have opposite signs. In reflection observations the Correction has the same sign as the Constant.

Declination of Star.

Constant.	88°47′	48′	49′	50′	51′	52′	53′	54′	55′	56′	57′	58′	59′	89°0′	1′	2′	3′	4′	5′	6′	7′	8′	9′
	s.	s.	s.	s.	s.	s.	s.	s.	s.	s.	s.	s.	s.	s.	s.	s.	s.	s.	s.	s.	s.	s.	s.
0.01	0.29	0.29	0.30	0.30	0.31	0.31	0.31	0.31	0.32	0.32	0.33	0.33	0.34	0.35	0.35	0.36	0.36	0.37	0.38	0.38	0.39	0.40	0.41
.02	0.58	0.58	0.59	0.60	0.61	0.62	0.63	0.64	0.65	0.66	0.67	0.68	0.69	0.70	0.70	0.72	0.73	0.74	0.76	0.77	0.78	0.80	0.81
.03	0.86	0.88	0.89	0.90	0.92	0.93	0.94	0.96	0.97	0.99	1.00	1.02	1.04	1.06	1.07	1.09	1.11	1.13	1.15	1.17	1.20	1.22	1.25
.04	1.15	1.17	1.18	1.20	1.22	1.24	1.26	1.28	1.30	1.32	1.34	1.36	1.38	1.41	1.43	1.46	1.48	1.51	1.54	1.57	1.60	1.63	1.66
.05	1.44	1.46	1.48	1.50	1.52	1.55	1.57	1.60	1.62	1.65	1.67	1.70	1.73	1.76	1.79	1.82	1.85	1.89	1.92	1.96	2.00	2.04	2.08
0.06	1.73	1.75	1.78	1.80	1.83	1.86	1.89	1.92	1.95	1.98	2.01	2.04	2.08	2.11	2.15	2.19	2.23	2.27	2.31	2.35	2.40	2.44	2.49
.07	2.02	2.04	2.07	2.10	2.14	2.17	2.20	2.23	2.27	2.31	2.34	2.39	2.42	2.46	2.51	2.55	2.60	2.64	2.69	2.74	2.80	2.85	2.91
.08	2.30	2.34	2.37	2.40	2.44	2.48	2.51	2.55	2.59	2.64	2.68	2.72	2.77	2.82	2.86	2.91	2.97	3.02	3.08	3.14	3.20	3.26	3.32
.09	2.59	2.63	2.67	2.70	2.74	2.79	2.83	2.87	2.92	2.97	3.01	3.06	3.11	3.17	3.22	3.28	3.34	3.40	3.46	3.53	3.60	3.67	3.74
.10	2.88	2.92	2.96	3.00	3.05	3.10	3.14	3.19	3.24	3.29	3.35	3.40	3.46	3.52	3.58	3.64	3.71	3.78	3.85	3.92	3.99	4.07	4.15
0.11	3.17	3.21	3.26	3.31	3.36	3.41	3.46	3.51	3.57	3.62	3.68	3.74	3.81	3.87	3.94	4.01	4.08	4.15	4.23	4.31	4.39	4.48	4.57
.12	3.45	3.50	3.55	3.61	3.66	3.72	3.77	3.83	3.89	3.95	4.02	4.08	4.15	4.22	4.30	4.37	4.45	4.53	4.62	4.70	4.79	4.89	4.98
.13	3.74	3.80	3.85	3.91	3.96	4.02	4.09	4.15	4.22	4.28	4.35	4.42	4.50	4.57	4.65	4.74	4.82	4.91	5.00	5.09	5.19	5.29	5.40
.14	4.03	4.09	4.15	4.21	4.27	4.33	4.40	4.47	4.54	4.61	4.69	4.76	4.84	4.93	5.01	5.10	5.19	5.29	5.38	5.49	5.59	5.70	5.82
.15	4.32	4.38	4.44	4.51	4.58	4.64	4.71	4.79	4.86	4.94	5.02	5.10	5.19	5.28	5.37	5.46	5.56	5.66	5.77	5.88	5.99	6.11	6.23
0.16	4.61	4.67	4.74	4.81	4.88	4.95	5.03	5.11	5.19	5.27	5.36	5.44	5.54	5.63	5.73	5.83	5.93	6.04	6.15	6.27	6.39	6.52	6.65
.17	4.89	4.96	5.04	5.11	5.18	5.26	5.34	5.43	5.51	5.60	5.69	5.79	5.88	5.98	6.09	6.19	6.31	6.42	6.54	6.66	6.79	6.92	7.06
.18	5.18	5.26	5.34	5.41	5.49	5.57	5.66	5.75	5.84	5.93	6.03	6.13	6.23	6.33	6.44	6.56	6.68	6.80	6.92	7.05	7.19	7.33	7.48
.19	5.47	5.55	5.63	5.71	5.80	5.88	5.97	6.06	6.16	6.26	6.36	6.47	6.57	6.69	6.80	6.92	7.05	7.17	7.31	7.45	7.59	7.74	7.89
.20	5.76	5.84	5.93	6.01	6.10	6.19	6.29	6.38	6.49	6.59	6.70	6.81	6.92	7.04	7.16	7.29	7.42	7.55	7.69	7.84	7.99	8.14	8.31
0.21	6.05	6.13	6.22	6.31	6.40	6.50	6.60	6.70	6.81	6.92	7.03	7.15	7.27	7.39	7.52	7.65	7.79	7.93	8.08	8.23	8.39	8.55	8.72
.22	6.33	6.42	6.52	6.61	6.71	6.81	6.91	7.02	7.13	7.25	7.37	7.49	7.61	7.74	7.88	8.01	8.16	8.31	8.46	8.62	8.79	8.96	9.14
.23	6.62	6.72	6.81	6.91	7.02	7.12	7.23	7.34	7.46	7.58	7.70	7.83	7.96	8.09	8.23	8.38	8.53	8.68	8.85	9.01	9.19	9.37	9.55
.24	6.91	7.01	7.11	7.21	7.32	7.43	7.54	7.66	7.78	7.91	8.04	8.17	8.30	8.45	8.59	8.74	8.90	9.06	9.23	9.41	9.59	9.77	9.97
.25	7.20	7.30	7.41	7.51	7.62	7.74	7.86	7.98	8.11	8.24	8.37	8.51	8.65	8.80	8.95	9.11	9.27	9.44	9.62	9.80	9.99	10.18	10.38
0.26	7.49	7.59	7.70	7.81	7.93	8.05	8.17	8.30	8.43	8.57	8.70	8.85	9.00	9.15	9.31	9.47	9.64	9.82	10.00	10.19	10.38	10.58	10.80
.27	7.77	7.88	8.00	8.11	8.24	8.36	8.49	8.62	8.76	8.90	9.04	9.19	9.34	9.50	9.67	9.84	10.01	10.20	10.38	10.57	10.77	10.97	11.19
.28	8.06	8.18	8.29	8.41	8.54	8.67	8.80	8.94	9.09	9.23	9.38	9.53	9.69	9.85	10.02	10.20	10.39	10.57	10.77	10.97	11.19	11.40	11.63
.29	8.35	8.47	8.59	8.72	8.84	8.98	9.11	9.26	9.40	9.56	9.71	9.87	10.03	10.21	10.38	10.56	10.76	10.95	11.15	11.37	11.59	11.81	12.05
.30	8.64	8.76	8.89	9.02	9.15	9.29	9.43	9.58	9.73	9.89	10.04	10.21	10.38	10.56	10.74	10.93	11.13	11.33	11.54	11.76	11.99	12.22	12.46
0.31	8.92	9.05	9.18	9.32	9.46	9.60	9.74	9.90	10.05	10.21	10.38	10.55	10.73	10.91	11.10	11.29	11.50	11.71	11.92	12.15	12.38	12.62	12.88
.32	9.21	9.34	9.48	9.62	9.76	9.91	10.06	10.21	10.36	10.52	10.71	10.89	11.07	11.26	11.46	11.66	11.87	12.08	12.31	12.54	12.78	13.03	13.29
.33	9.50	9.64	9.77	9.92	10.06	10.22	10.37	10.53	10.70	10.87	11.04	11.23	11.42	11.61	11.81	12.02	12.24	12.46	12.69	12.93	13.18	13.44	13.71
.34	9.79	9.93	10.07	10.22	10.37	10.53	10.69	10.85	11.03	11.20	11.38	11.57	11.76	11.96	12.17	12.39	12.61	12.84	13.08	13.32	13.58	13.85	14.12
.35	10.08	10.22	10.37	10.52	10.68	10.84	11.00	11.17	11.35	11.53	11.72	11.91	12.11	12.32	12.53	12.75	12.98	13.22	13.46	13.72	13.98	14.25	14.54
0.36	10.36	10.51	10.66	10.82	10.98	11.15	11.31	11.49	11.67	11.86	12.05	12.25	12.46	12.67	12.89	13.11	13.35	13.60	13.85	14.11	14.38	14.66	14.95
.37	10.65	10.80	10.96	11.12	11.28	11.46	11.63	11.81	12.00	12.19	12.39	12.59	12.80	13.02	13.25	13.48	13.72	13.97	14.23	14.50	14.78	15.07	15.37
.38	10.94	11.10	11.26	11.42	11.59	11.76	11.94	12.13	12.32	12.52	12.72	12.93	13.15	13.37	13.60	13.84	14.09	14.35	14.61	14.89	15.18	15.48	15.79
.39	11.23	11.39	11.55	11.72	11.90	12.07	12.26	12.45	12.64	12.85	13.06	13.27	13.49	13.72	13.96	14.21	14.47	14.73	15.00	15.28	15.58	15.88	16.20
.40	11.52	11.68	11.85	12.02	12.20	12.38	12.57	12.77	12.97	13.18	13.39	13.61	13.84	14.08	14.32	14.57	14.84	15.10	15.38	15.67	15.98	16.29	16.62
0.41	11.80	11.97	12.14	12.32	12.50	12.69	12.89	13.09	13.30	13.51	13.73	13.95	14.19	14.43	14.68	14.94	15.21	15.48	15.77	16.07	16.38	16.70	17.03
.42	12.09	12.26	12.44	12.62	12.81	13.00	13.20	13.41	13.62	13.84	14.06	14.29	14.53	14.78	15.04	15.30	15.58	15.86	16.15	16.46	16.78	17.11	17.45
.43	12.38	12.56	12.74	12.92	13.12	13.31	13.52	13.73	13.94	14.17	14.40	14.63	14.88	15.13	15.39	15.66	15.95	16.24	16.54	16.85	17.18	17.51	17.86
.44	12.67	12.85	13.03	13.22	13.42	13.62	13.83	14.05	14.27	14.50	14.73	14.97	15.22	15.48	15.75	16.03	16.32	16.62	16.92	17.24	17.58	17.92	18.28
.45	12.96	13.14	13.33	13.52	13.72	13.93	14.14	14.36	14.59	14.82	15.07	15.31	15.57	15.84	16.11	16.39	16.69	16.99	17.31	17.63	17.97	18.33	18.69
0.46	13.24	13.43	13.63	13.82	14.03	14.24	14.46	14.68	14.92	15.16	15.40	15.65	15.92	16.19	16.47	16.76	17.06	17.37	17.69	18.03	18.38	18.73	19.11
.47	13.53	13.72	13.92	14.12	14.34	14.55	14.77	15.00	15.24	15.49	15.74	16.00	16.27	16.54	16.83	17.12	17.43	17.75	18.08	18.42	18.78	19.14	19.52
.48	13.82	14.02	14.22	14.43	14.64	14.86	15.09	15.32	15.57	15.82	16.08	16.33	16.61	16.89	17.18	17.49	17.80	18.12	18.46	18.81	19.18	19.55	19.94
.49	14.11	14.31	14.51	14.73	14.94	15.17	15.40	15.64	15.89	16.15	16.41	16.67	16.96	17.24	17.54	17.85	18.17	18.50	18.85	19.20	19.57	19.96	20.35
.50	14.39	14.60	14.81	15.03	15.25	15.48	15.72	15.96	16.21	16.47	16.74	17.02	17.30	17.60	17.90	18.22	18.54	18.88	19.23	19.60	19.97	20.36	20.77

VALUES OF THE COLLIMATION CORRECTION, C_c.

Argument: Declination of Star.

Above the Pole the Correction has the same sign as the Constant; below the Pole the Correction has the opposite sign.

Declination of Star.

Constant	56° 35'	36'	37'	38'	39'	87° 9'	10'	11'	12'	13'	14'	15'	88° 36'	37'	38'	39'	40'	41'	42'	43'	44'	45'	46'
0.01	0.17	0.17	0.17	0.17	0.17	0.20	0.20	0.20	0.20	0.21	0.21	0.21	0.41	0.41	0.42	0.42	0.43	0.44	0.44	0.45	0.45	0.46	0.46
.02	0.34	0.34	0.34	0.34	0.34	0.40	0.40	0.41	0.41	0.41	0.41	0.42	0.82	0.83	0.84	0.85	0.86	0.87	0.88	0.89	0.91	0.92	0.93
.03	0.50	0.51	0.51	0.51	0.51	0.60	0.61	0.61	0.61	0.61	0.62	0.63	1.23	1.24	1.26	1.27	1.29	1.31	1.32	1.34	1.36	1.38	1.40
.04	0.67	0.67	0.68	0.68	0.68	0.80	0.81	0.81	0.82	0.82	0.83	0.83	1.64	1.66	1.68	1.70	1.72	1.74	1.76	1.79	1.81	1.83	1.86
.05	0.84	0.84	0.85	0.85	0.86	1.01	1.01	1.02	1.02	1.03	1.04	1.04	2.05	2.07	2.10	2.12	2.15	2.18	2.20	2.23	2.26	2.29	2.32
0.06	1.01	1.01	1.02	1.02	1.03	1.21	1.21	1.22	1.23	1.24	1.24	1.25	2.46	2.49	2.52	2.55	2.58	2.61	2.64	2.68	2.71	2.75	2.79
.07	1.17	1.18	1.19	1.19	1.20	1.41	1.42	1.42	1.43	1.44	1.45	1.46	2.87	2.90	2.94	2.97	3.01	3.05	3.09	3.13	3.16	3.21	3.26
.08	1.34	1.35	1.36	1.36	1.37	1.61	1.62	1.63	1.64	1.65	1.66	1.67	3.27	3.31	3.35	3.40	3.44	3.48	3.53	3.57	3.62	3.66	3.72
.09	1.51	1.52	1.52	1.53	1.54	1.81	1.82	1.83	1.84	1.85	1.86	1.88	3.68	3.73	3.77	3.82	3.87	3.92	3.97	4.02	4.07	4.12	4.18
.10	1.68	1.69	1.69	1.70	1.71	2.01	2.02	2.04	2.05	2.06	2.07	2.08	4.09	4.14	4.19	4.24	4.30	4.35	4.41	4.46	4.52	4.58	4.65
0.11	1.85	1.85	1.86	1.87	1.88	2.21	2.23	2.24	2.25	2.27	2.28	2.29	4.50	4.56	4.61	4.67	4.73	4.79	4.85	4.91	4.98	5.04	5.11
.12	2.01	2.02	2.03	2.04	2.05	2.41	2.43	2.44	2.46	2.47	2.49	2.50	4.91	4.97	5.03	5.09	5.16	5.22	5.29	5.36	5.43	5.50	5.58
.13	2.18	2.19	2.20	2.21	2.22	2.61	2.63	2.65	2.66	2.68	2.69	2.71	5.32	5.38	5.45	5.52	5.59	5.66	5.73	5.80	5.88	5.96	6.04
.14	2.35	2.36	2.37	2.38	2.40	2.82	2.83	2.85	2.87	2.88	2.90	2.92	5.73	5.80	5.87	5.94	6.02	6.09	6.17	6.25	6.33	6.42	6.50
.15	2.52	2.53	2.54	2.55	2.57	3.02	3.03	3.05	3.07	3.09	3.11	3.13	6.14	6.21	6.29	6.37	6.45	6.53	6.61	6.70	6.79	6.88	6.97
0.16	2.68	2.70	2.71	2.72	2.74	3.22	3.24	3.26	3.28	3.29	3.31	3.33	6.55	6.63	6.71	6.79	6.88	6.96	7.05	7.14	7.24	7.33	7.43
.17	2.85	2.87	2.88	2.90	2.91	3.42	3.44	3.46	3.48	3.50	3.52	3.54	6.96	7.04	7.13	7.21	7.31	7.40	7.49	7.59	7.69	7.79	7.90
.18	3.02	3.03	3.05	3.07	3.08	3.62	3.64	3.66	3.68	3.71	3.73	3.75	7.37	7.46	7.55	7.64	7.74	7.83	7.93	8.04	8.14	8.25	8.36
.19	3.19	3.20	3.22	3.24	3.25	3.82	3.84	3.87	3.89	3.91	3.94	3.96	7.78	7.87	7.97	8.06	8.17	8.27	8.38	8.48	8.60	8.71	8.83
.20	3.36	3.37	3.39	3.41	3.42	4.02	4.05	4.07	4.09	4.12	4.14	4.17	8.19	8.28	8.39	8.49	8.60	8.70	8.82	8.93	9.05	9.17	9.29
0.21	3.52	3.54	3.56	3.58	3.59	4.22	4.25	4.27	4.30	4.32	4.35	4.38	8.60	8.70	8.81	8.91	9.03	9.14	9.26	9.38	9.50	9.63	9.76
.22	3.69	3.71	3.73	3.75	3.77	4.42	4.45	4.48	4.50	4.53	4.56	4.59	9.00	9.11	9.22	9.34	9.46	9.57	9.70	9.82	9.95	10.08	10.22
.23	3.86	3.88	3.90	3.92	3.94	4.63	4.65	4.68	4.71	4.74	4.76	4.79	9.41	9.53	9.64	9.76	9.89	10.01	10.14	10.27	10.41	10.54	10.69
.24	4.03	4.05	4.07	4.09	4.11	4.83	4.85	4.88	4.91	4.94	4.97	5.00	9.82	9.94	10.06	10.19	10.32	10.44	10.58	10.72	10.86	11.00	11.15
.25	4.20	4.22	4.24	4.26	4.28	5.03	5.06	5.09	5.12	5.15	5.18	5.21	10.23	10.36	10.48	10.61	10.75	10.88	11.02	11.16	11.31	11.46	11.61
0.26	4.36	4.38	4.40	4.43	4.45	5.23	5.26	5.29	5.32	5.35	5.39	5.42	10.64	10.77	10.90	11.03	11.17	11.32	11.46	11.61	11.76	11.92	12.08
.27	4.53	4.55	4.57	4.60	4.62	5.43	5.46	5.49	5.53	5.56	5.59	5.63	11.05	11.18	11.32	11.46	11.60	11.75	11.90	12.06	12.21	12.38	12.54
.28	4.70	4.72	4.74	4.77	4.79	5.63	5.66	5.70	5.73	5.77	5.80	5.84	11.46	11.60	11.74	11.88	12.03	12.19	12.34	12.50	12.67	12.84	13.01
.29	4.87	4.89	4.91	4.94	4.96	5.83	5.87	5.90	5.94	5.98	6.01	6.04	11.87	12.01	12.16	12.31	12.46	12.62	12.78	12.95	13.12	13.29	13.47
.30	5.03	5.06	5.08	5.11	5.13	6.03	6.07	6.10	6.14	6.18	6.22	6.25	12.28	12.43	12.58	12.73	12.89	13.06	13.23	13.40	13.57	13.75	13.94
0.31	5.20	5.23	5.25	5.28	5.30	6.23	6.27	6.31	6.35	6.38	6.42	6.46	12.69	12.84	13.00	13.16	13.32	13.49	13.66	13.84	14.02	14.21	14.40
.32	5.37	5.40	5.42	5.45	5.48	6.44	6.47	6.51	6.55	6.59	6.63	6.67	13.10	13.25	13.43	13.58	13.75	13.93	14.11	14.29	14.48	14.67	14.87
.33	5.54	5.56	5.59	5.62	5.65	6.64	6.68	6.72	6.76	6.80	6.84	6.88	13.51	13.67	13.84	14.01	14.18	14.36	14.55	14.73	14.93	15.13	15.33
.34	5.71	5.73	5.76	5.79	5.82	6.84	6.88	6.92	6.96	7.00	7.04	7.09	13.92	14.08	14.26	14.43	14.61	14.80	14.99	15.18	15.38	15.59	15.80
.35	5.87	5.90	5.93	5.96	5.99	7.04	7.08	7.12	7.16	7.21	7.25	7.30	14.33	14.50	14.68	14.85	15.04	15.23	15.43	15.63	15.83	16.04	16.26
0.36	6.04	6.07	6.10	6.13	6.16	7.24	7.28	7.33	7.37	7.41	7.46	7.50	14.74	14.91	15.09	15.28	15.47	15.67	15.87	16.07	16.29	16.50	16.73
.37	6.21	6.24	6.27	6.30	6.33	7.44	7.49	7.53	7.57	7.62	7.67	7.71	15.14	15.33	15.51	15.70	15.90	16.10	16.31	16.52	16.74	16.96	17.19
.38	6.38	6.41	6.44	6.47	6.50	7.64	7.69	7.73	7.78	7.83	7.87	7.92	15.55	15.74	15.93	16.13	16.33	16.54	16.75	16.97	17.19	17.42	17.65
.39	6.54	6.58	6.61	6.64	6.67	7.84	7.89	7.94	7.98	8.03	8.08	8.13	15.96	16.15	16.35	16.55	16.76	16.97	17.19	17.41	17.63	17.88	18.12
.40	6.71	6.74	6.78	6.81	6.84	8.04	8.09	8.14	8.19	8.24	8.29	8.34	16.37	16.57	16.77	16.98	17.19	17.41	17.63	17.86	18.10	18.34	18.58
0.41	6.88	6.91	6.95	6.98	7.02	8.25	8.29	8.34	8.39	8.44	8.49	8.55	16.76	16.98	17.19	17.40	17.62	17.84	18.07	18.31	18.55	18.79	19.05
.42	7.05	7.08	7.11	7.15	7.19	8.45	8.50	8.55	8.60	8.65	8.70	8.75	17.19	17.40	17.61	17.82	18.05	18.28	18.51	18.75	19.00	19.25	19.51
.43	7.22	7.25	7.28	7.32	7.36	8.65	8.70	8.75	8.80	8.85	8.91	8.96	17.60	17.81	18.03	18.25	18.48	18.71	18.95	19.20	19.45	19.71	19.98
.44	7.38	7.42	7.45	7.49	7.53	8.85	8.90	8.95	9.01	9.06	9.12	9.17	18.01	18.22	18.45	18.67	18.91	19.15	19.40	19.65	19.91	20.17	20.44
.45	7.55	7.59	7.62	7.66	7.70	9.05	9.10	9.16	9.21	9.27	9.32	9.38	18.42	18.64	18.87	19.10	19.34	19.58	19.84	20.09	20.36	20.63	20.90
0.46	7.72	7.76	7.79	7.83	7.87	9.25	9.31	9.36	9.42	9.47	9.53	9.59	18.83	19.05	19.29	19.52	19.77	20.02	20.28	20.55	20.82	21.09	21.37
.47	7.89	7.92	7.96	8.00	8.04	9.45	9.51	9.56	9.62	9.68	9.74	9.80	19.24	19.47	19.71	19.95	20.20	20.45	20.72	20.99	21.26	21.54	21.84
.48	8.05	8.09	8.13	8.17	8.21	9.65	9.71	9.77	9.83	9.88	9.94	10.00	19.64	19.88	20.12	20.37	20.62	20.88	21.15	21.43	21.72	22.00	22.30
.49	8.22	8.26	8.30	8.34	8.38	9.85	9.91	9.97	10.03	10.09	10.15	10.21	20.06	20.30	20.55	20.80	21.06	21.32	21.60	21.88	22.17	22.46	22.77
.50	8.39	8.43	8.47	8.51	8.55	10.06	10.12	10.18	10.24	10.30	10.36	10.42	20.46	20.71	20.96	21.22	21.49	21.76	22.04	22.32	22.62	22.92	23.23

VALUES OF THE COLLIMATION CORRECTION, Cc.

Argument: Declination of Star.

Above the Pole the Correction has the same sign as the Constant; below the Pole the Correction has the opposite sign.

Declination of Star.

Constant	88° 47′	48′	49′	50′	51′	52′	53′	54′	55′	56′	57′	58′	59′	89° 0′	1′	2′	3′	4′	5′	6′	7′	8′	9′
s.	s.	s.	s.	s.	s.	s.	s.	s.	s.	s.	s.	s.	s.	s.	s.	s.	s.	s.	s.	s.	s.	s.	s.
0.01	0.47	0.48	0.48	0.49	0.49	0.50	0.51	0.51	0.52	0.53	0.54	0.55	0.56	0.57	0.58	0.59	0.60	0.61	0.62	0.64	0.65	0.66	0.67
0.02	0.95	0.96	0.97	0.99	1.00	1.02	1.03	1.05	1.06	1.08	1.10	1.11	1.13	1.15	1.17	1.19	1.21	1.23	1.25	1.28	1.30	1.33	1.35
0.03	1.42	1.44	1.46	1.48	1.50	1.52	1.54	1.57	1.59	1.62	1.64	1.67	1.70	1.72	1.75	1.78	1.81	1.85	1.88	1.92	1.95	1.99	2.03
0.04	1.88	1.91	1.94	1.96	1.99	2.02	2.05	2.08	2.12	2.15	2.18	2.22	2.26	2.29	2.33	2.37	2.41	2.45	2.50	2.55	2.60	2.65	2.70
0.05	2.36	2.39	2.42	2.46	2.49	2.52	2.56	2.60	2.64	2.68	2.73	2.78	2.82	2.86	2.91	2.96	3.01	3.07	3.12	3.18	3.24	3.30	3.37
0.06	2.83	2.87	2.90	2.94	2.99	3.03	3.08	3.13	3.17	3.22	3.28	3.33	3.38	3.44	3.50	3.56	3.62	3.68	3.75	3.82	3.89	3.97	4.04
0.07	3.30	3.35	3.39	3.44	3.49	3.54	3.59	3.65	3.70	3.76	3.82	3.88	3.95	4.01	4.08	4.15	4.22	4.30	4.38	4.46	4.54	4.63	4.72
0.08	3.77	3.82	3.87	3.93	3.98	4.04	4.10	4.17	4.23	4.30	4.37	4.44	4.51	4.58	4.66	4.74	4.82	4.91	5.00	5.10	5.19	5.29	5.39
0.09	4.24	4.30	4.36	4.42	4.48	4.54	4.62	4.69	4.76	4.83	4.91	4.99	5.08	5.16	5.25	5.34	5.43	5.53	5.62	5.73	5.84	5.95	6.07
0.10	4.71	4.78	4.84	4.91	4.98	5.05	5.13	5.21	5.29	5.37	5.46	5.55	5.64	5.73	5.83	5.93	6.03	6.14	6.25	6.37	6.49	6.61	6.74
0.11	5.18	5.25	5.33	5.40	5.48	5.56	5.64	5.73	5.82	5.91	6.00	6.10	6.20	6.30	6.41	6.52	6.63	6.75	6.88	7.00	7.12	7.27	7.41
0.12	5.65	5.73	5.81	5.89	5.98	6.07	6.16	6.25	6.35	6.45	6.55	6.64	6.76	6.88	6.99	7.11	7.24	7.37	7.50	7.64	7.78	7.93	8.09
0.13	6.12	6.21	6.29	6.38	6.48	6.57	6.67	6.77	6.88	6.98	7.09	7.21	7.33	7.45	7.58	7.71	7.84	7.98	8.12	8.28	8.43	8.59	8.76
0.14	6.59	6.69	6.78	6.88	6.98	7.08	7.18	7.29	7.40	7.52	7.64	7.76	7.89	8.02	8.16	8.30	8.44	8.59	8.75	8.91	9.08	9.26	9.44
0.15	7.06	7.16	7.26	7.37	7.47	7.58	7.70	7.81	7.93	8.06	8.19	8.32	8.45	8.60	8.74	8.89	9.05	9.21	9.38	9.55	9.73	9.92	10.11
0.16	7.54	7.64	7.75	7.86	7.97	8.09	8.21	8.33	8.46	8.60	8.73	8.87	9.02	9.17	9.32	9.48	9.65	9.82	10.00	10.19	10.38	10.58	10.78
0.17	8.01	8.12	8.23	8.35	8.47	8.59	8.72	8.86	8.99	9.13	9.28	9.43	9.58	9.74	9.91	10.08	10.25	10.44	10.62	10.82	11.03	11.24	11.46
0.18	8.48	8.60	8.72	8.84	8.97	9.10	9.24	9.38	9.52	9.67	9.82	9.98	10.14	10.31	10.49	10.67	10.86	11.05	11.25	11.46	11.68	11.90	12.13
0.19	8.95	9.07	9.20	9.33	9.47	9.61	9.75	9.90	10.05	10.21	10.37	10.54	10.71	10.89	11.07	11.26	11.46	11.66	11.88	12.10	12.33	12.56	12.81
0.20	9.42	9.55	9.68	9.82	9.96	10.11	10.26	10.42	10.58	10.74	10.91	11.09	11.27	11.46	11.65	11.85	12.06	12.28	12.50	12.73	12.97	13.22	13.48
0.21	9.89	10.03	10.17	10.31	10.46	10.62	10.78	10.94	11.11	11.28	11.46	11.64	11.84	12.03	12.24	12.45	12.67	12.89	13.12	13.37	13.62	13.88	14.14
0.22	10.36	10.50	10.65	10.80	10.96	11.12	11.29	11.46	11.64	11.82	12.01	12.20	12.40	12.61	12.82	13.04	13.27	13.51	13.75	14.00	14.26	14.54	14.83
0.23	10.83	10.98	11.14	11.30	11.46	11.63	11.80	11.98	12.16	12.36	12.55	12.75	12.96	13.18	13.40	13.63	13.87	14.12	14.38	14.64	14.92	15.21	15.50
0.24	11.30	11.46	11.62	11.79	11.96	12.13	12.31	12.50	12.69	12.89	13.10	13.31	13.53	13.75	13.98	14.22	14.48	14.73	15.00	15.28	15.57	15.87	16.18
0.25	11.78	11.94	12.10	12.28	12.46	12.64	12.83	13.02	13.22	13.43	13.64	13.86	14.09	14.32	14.57	14.82	15.07	15.35	15.62	15.92	16.22	16.53	16.85
0.26	12.25	12.41	12.59	12.77	12.96	13.14	13.34	13.54	13.75	13.97	14.19	14.42	14.65	14.90	15.15	15.41	15.68	15.96	16.25	16.55	16.87	17.19	17.52
0.27	12.72	12.89	13.07	13.26	13.45	13.65	13.85	14.06	14.28	14.50	14.73	14.97	15.21	15.47	15.73	16.00	16.28	16.58	16.88	17.19	17.51	17.85	18.20
0.28	13.19	13.37	13.56	13.75	13.95	14.16	14.37	14.59	14.81	15.04	15.28	15.53	15.78	16.04	16.32	16.60	16.89	17.19	17.50	17.82	18.16	18.51	18.87
0.29	13.66	13.85	14.04	14.24	14.45	14.66	14.88	15.11	15.34	15.58	15.83	16.08	16.34	16.61	16.90	17.19	17.49	17.80	18.12	18.46	18.81	19.17	19.55
0.30	14.13	14.32	14.53	14.73	14.95	15.17	15.39	15.63	15.87	16.12	16.37	16.64	16.91	17.19	17.48	17.78	18.09	18.42	18.75	19.10	19.46	19.83	20.22
0.31	14.60	14.80	15.01	15.22	15.45	15.67	15.91	16.15	16.40	16.65	16.92	17.19	17.47	17.76	18.06	18.37	18.70	19.03	19.38	19.73	20.11	20.49	20.89
0.32	15.07	15.28	15.49	15.72	15.95	16.18	16.42	16.67	16.92	17.19	17.46	17.74	18.04	18.34	18.65	18.97	19.30	19.64	20.00	20.37	20.76	21.16	21.57
0.33	15.54	15.76	15.98	16.21	16.44	16.68	16.93	17.19	17.45	17.73	18.01	18.30	18.60	18.91	19.23	19.56	19.90	20.26	20.62	21.01	21.42	21.82	22.24
0.34	16.01	16.23	16.47	16.70	16.94	17.19	17.45	17.71	17.98	18.26	18.55	18.85	19.16	19.48	19.81	20.15	20.51	20.87	21.25	21.64	22.06	22.48	22.92
0.35	16.48	16.71	16.95	17.19	17.44	17.70	17.96	18.23	18.51	18.80	19.10	19.41	19.73	20.06	20.39	20.74	21.11	21.49	21.88	22.28	22.70	23.14	23.59
0.36	16.96	17.19	17.43	17.68	17.94	18.20	18.47	18.75	19.04	19.34	19.65	19.96	20.29	20.63	20.98	21.34	21.71	22.10	22.50	22.92	23.35	23.80	24.26
0.37	17.43	17.67	17.92	18.17	18.44	18.71	18.98	19.27	19.57	19.88	20.19	20.52	20.85	21.20	21.56	21.93	22.32	22.71	23.12	23.55	24.00	24.46	24.94
0.38	17.90	18.14	18.40	18.66	18.94	19.21	19.50	19.79	20.10	20.41	20.74	21.07	21.42	21.77	22.14	22.52	22.92	23.33	23.75	24.19	24.65	25.12	25.61
0.39	18.37	18.62	18.88	19.15	19.43	19.72	20.01	20.32	20.63	20.95	21.28	21.61	21.98	22.34	22.72	23.11	23.52	23.94	24.37	24.83	25.30	25.78	26.29
0.40	18.84	19.10	19.37	19.64	19.93	20.22	20.52	20.84	21.16	21.49	21.83	22.18	22.54	22.92	23.31	23.71	24.13	24.56	25.00	25.46	25.93	26.44	26.96
0.41	19.31	19.58	19.85	20.13	20.43	20.73	21.04	21.36	21.68	22.03	22.37	22.73	23.11	23.49	23.89	24.30	24.73	25.17	25.62	26.10	26.60	27.11	27.63
0.42	19.78	20.06	20.34	20.63	20.93	21.23	21.55	21.88	22.21	22.56	22.92	23.29	23.67	24.07	24.47	24.89	25.33	25.78	26.25	26.74	27.25	27.77	28.31
0.43	20.25	20.53	20.82	21.12	21.42	21.73	22.06	22.40	22.74	23.10	23.47	23.85	24.23	24.64	25.06	25.49	25.94	26.40	26.88	27.37	27.90	28.43	28.98
0.44	20.72	21.01	21.30	21.61	21.93	22.24	22.58	22.92	23.27	23.64	24.01	24.40	24.80	25.22	25.64	26.08	26.54	27.01	27.50	28.01	28.54	29.09	29.66
0.45	21.20	21.49	21.79	22.10	22.42	22.75	23.09	23.44	23.80	24.17	24.56	24.96	25.36	25.78	26.22	26.67	27.14	27.63	28.12	28.65	29.19	29.75	30.33
0.46	21.67	21.96	22.27	22.59	22.92	23.26	23.60	23.96	24.33	24.71	25.10	25.51	25.93	26.36	26.80	27.26	27.74	28.24	28.75	29.29	29.84	30.41	31.00
0.47	22.14	22.44	22.76	23.08	23.42	23.76	24.12	24.48	24.86	25.25	25.65	26.06	26.49	26.93	27.39	27.85	28.35	28.86	29.38	29.92	30.49	31.07	31.68
0.48	22.61	22.92	23.24	23.57	23.91	24.26	24.63	25.00	25.39	25.79	26.19	26.62	27.06	27.50	27.97	28.45	28.95	29.47	30.00	30.56	31.14	31.73	32.35
0.49	23.08	23.40	23.73	24.06	24.41	24.77	25.14	25.52	25.92	26.32	26.74	27.17	27.62	28.08	28.55	29.04	29.55	30.08	30.62	31.19	31.79	32.39	33.02
0.50	23.55	23.87	24.21	24.56	24.91	25.28	25.66	26.04	26.45	26.86	27.28	27.72	28.18	28.65	29.14	29.64	30.16	30.70	31.25	31.83	32.43	33.06	33.70

GENERAL TABLES

of

INSTRUMENTAL CORRECTIONS

FOR THE

REDUCTION OF TRANSIT OBSERVATIONS

AT THE

U. S. NAVAL OBSERVATORY.

EXPLANATION OF TABLES.

In the following tables the first column on each page contains five values of the Constant, and the remaining columns contain the corresponding Corrections.

The *argument* is the *zenith distance south* of the object observed, and is found at the top of each short column of Corrections.

For the methods of determining the values of the factors A, B, and C, and the Constants a, b, c, see "Introduction to the Observations with the Transit Circle, 1870."

TABLE I.

AZIMUTH.

VALUES OF THE AZIMUTH CORRECTION, Δa.

Argument: Zenith Distance South.

Between 0° and 85° and between 275° and 303° the Correction has the same sign as the Constant; between 315° and 0° it has the opposite sign.

Constant	85°	84°	83°	82°	81°	80°	79°	78°	77°	76°	75°	74°	73°	72°
s.	s.	s.	s.	s.	s.	s.	s.	s.	s.	s.	s.	s.	s.	s.
0.01	0.014	0.014	0.014	0.014	0.013	0.013	0.013	0.013	0.012	0.012	0.012	0.012	0.112	0.111
.02	.025	.028	.028	.027	.027	.026	.026	.025	.025	.024	.024	.023	.123	.123
.03	.042	.042	.042	.041	.040	.039	.039	.038	.037	.036	.036	.035	.135	.134
.04	.057	.056	.055	.054	.053	.052	.051	.051	.050	.049	.048	.047	.146	.145
.05	.072	.070	.069	.068	.066	.065	.064	.063	.062	.061	.060	.059	.158	.157

Constant	71°	70°	69°	68°	67°	66°	65°	64°	63°	62°	61°	60°	59°	58°
0.01	0.011	0.011	0.111	0.011	0.010	0.010	0.010	0.010	0.010	0.010	0.009	0.009	0.009	0.009
.02	.022	.022	.122	.021	.021	.021	.020	.020	.020	.019	.019	.019	.018	.018
.03	.033	.033	.138	.032	.031	.031	.030	.030	.029	.029	.028	.028	.027	.027
.04	.045	.044	.143	.042	.042	.041	.040	.040	.039	.039	.038	.037	.036	.036
.05	.056	.055	.154	.053	.052	.051	.050	.050	.049	.048	.047	.046	.046	.045

Constant	56°	54°	52°	50°	48°	46°	44°	42°	40°	38°	36°	34°	32°	30°
0.01	0.009	0.008	0.008	0.008	0.008	0.007	0.007	0.007	0.006	0.006	0.006	0.006	0.005	0.005
.02	.017	.017	.016	.016	.015	.015	.014	.014	.013	.013	.012	.012	.011	.011
.03	.026	.025	.024	.023	.022	.022	.021	.020	.019	.018	.017	.017	.016	.015
.04	.035	.034	.032	.031	.030	.029	.028	.027	.026	.025	.024	.022	.021	.020
.05	.043	.042	.040	.039	.038	.036	.035	.034	.032	.031	.029	.028	.027	.025

Constant	28°	26°	24°	22°	20°	18°	17°	16°	15°	14°	13°	12°	11°	10°
0.01	0.005	0.005	0.004	0.004	0.004	0.003	0.003	0.003	0.003	0.003	0.003	0.002	0.002	0.002
.02	.010	.009	.008	.008	.007	.007	.006	.006	.006	.005	.005	.005	.004	.004
.03	.014	.014	.013	.012	.011	.010	.009	.009	.008	.008	.008	.007	.007	.006
.04	.019	.018	.017	.016	.014	.013	.013	.012	.011	.011	.010	.009	.009	.008
.05	.024	.022	.021	.019	.018	.017	.016	.015	.014	.013	.012	.012	.011	.010

Constant	9°	8°	7°	6°	5°	4°	3°	2°	1°	0°	359°	358°	357°	356°
0.01	0.002	0.002	0.001	0.001	0.001	0.001	0.001	0.000	0.000	0.000	0.000	0.000	0.001	0.001
.02	.004	.003	.003	.003	.002	.002	.001	.001	.000	.000	.000	.001	.001	.002
.03	.005	.005	.004	.004	.003	.003	.002	.002	.001	.001	.000	.001	.001	.003
.04	.007	.006	.006	.005	.004	.003	.002	.002	.001	.001	.000	.001	.002	.004
.05	.009	.008	.007	.006	.005	.004	.003	.002	.001	.000	.001	.002	.003	.004

Constant	355°	354°	353°	352°	351°	350°	349°	348°	347°	346°	345°	344°	343°	342°
0.01	0.001	0.001	0.002	0.002	0.002	0.003	0.003	0.003	0.004	0.004	0.004	0.004	0.005	0.006
.02	.002	.003	.004	.004	.004	.005	.006	.007	.007	.008	.009	.009	.010	.011
.03	.004	.004	.005	.006	.007	.008	.009	.010	.011	.012	.013	.014	.016	.017
.04	.005	.006	.007	.008	.009	.011	.012	.013	.015	.016	.017	.019	.021	.022
.05	.006	.007	.009	.010	.012	.013	.015	.016	.018	.020	.022	.024	.026	.028

Constant	341°	340°	339°	338°	337°	336°	335°	334°	333°	332°	331°	330°	329°	328°
0.01	0.006	0.007	0.007	0.008	0.008	0.009	0.010	0.010	0.011	0.012	0.012	0.013	0.014	0.015
.02	.012	.013	.014	.015	.016	.018	.019	.021	.022	.024	.026	.028	.030	.032
.03	.018	.020	.021	.023	.025	.027	.029	.031	.033	.036	.039	.042	.045	.049
.04	.024	.026	.028	.031	.033	.035	.038	.041	.045	.048	.052	.056	.060	.065
.05	.031	.033	.036	.038	.042	.045	.048	.052	.056	.060	.064	.069	.075	.081

Constant	327°	326°	325°	324°	323°	322°	321°	320°	319°	318°	317°	316°	315°	303°
0.01	0.018	0.019	0.021	0.022	0.025	0.027	0.030	0.033	0.037	0.042	0.048	0.056	0.066	0.082
.02	.035	.038	.042	.045	.050	.055	.060	.067	.075	.085	.097	.112	.134	.164
.03	.053	.057	.062	.068	.074	.082	.090	.100	.112	.127	.146	.168	.200	.246
.04	.070	.076	.083	.091	.099	.109	.120	.134	.150	.170	.194	.224	.267	.327
.05	.088	.095	.103	.112	.123	.136	.150	.167	.187	.211	.242	.280	.332	.408

Constant	302°	301°	300°	299°	298°	297°	296°	295°	294°	293°	292°	291°	290°	289°
0.01	0.071	0.062	0.056	0.051	0.047	0.043	0.040	0.038	0.036	0.034	0.032	0.030	0.029	0.028
.02	.142	.125	.113	.102	.094	.087	.081	.076	.071	.068	.064	.061	.058	.056
.03	.212	.188	.168	.153	.140	.130	.121	.113	.107	.101	.096	.092	.087	.084
.04	.283	.250	.224	.204	.187	.173	.161	.151	.142	.135	.128	.122	.116	.111
.05	.353	.312	.280	.254	.233	.216	.201	.189	.178	.168	.159	.152	.145	.139

Constant	288°	287°	286°	285°	284°	283°	282°	281°	280°	279°	278°	277°	276°	275°
0.01	0.027	0.026	0.025	0.024	0.023	0.022	0.022	0.021	0.020	0.020	0.019	0.019	0.019	0.018
.02	.054	.051	.050	.048	.046	.045	.043	.042	.041	.040	.039	.038	.037	.036
.03	.080	.077	.074	.072	.069	.067	.065	.063	.061	.060	.058	.057	.055	.054
.04	.107	.103	.099	.095	.092	.089	.087	.084	.082	.080	.079	.077	.075	.072
.05	.133	.128	.123	.119	.115	.112	.108	.105	.102	.099	.096	.094	.092	.089

VALUES OF THE AZIMUTH CORRECTION, *Aa.*

Argument: Zenith Distance South.

Between 0° and 85° and between 275° and 303° the Correction has the same sign as the Constant; between 315° and 0° it has the opposite sign.

Constant	85°	84°	83°	82°	81°	80°	79°	78°	77°	76°	75°	74°	73°	72°
0.06	0.086	0.085	0.083	0.081	0.060	0.079	0.077	0.076	0.074	0.073	0.072	0.071	0.070	0.068
.07	.101	.099	.097	.095	.093	.092	.090	.088	.087	.085	.083	.082	.081	.080
.08	.115	.113	.110	.109	.106	.105	.102	.101	.099	.098	.095	.094	.093	.091
.09	.130	.127	.124	.122	.120	.118	.115	.113	.112	.110	.107	.106	.104	.103
.10	.144	.141	.138	.136	.133	.131	.128	.126	.124	.122	.120	.118	.116	.114

Constant	71°	70°	69°	68°	67°	66°	65°	64°	63°	62°	61°	60°	59°	58°
0.06	0.067	0.066	0.065	0.064	0.062	0.061	0.060	0.059	0.059	0.058	0.057	0.056	0.055	0.054
.07	.078	.076	.075	.074	.073	.072	.071	.069	.069	.067	.066	.065	.064	.062
.08	.090	.087	.086	.085	.083	.082	.081	.079	.078	.077	.075	.074	.073	.071
.09	.101	.098	.097	.095	.093	.092	.091	.089	.088	.086	.084	.082	.082	.080
.10	.112	.110	.108	.106	.104	.103	.101	.099	.098	.096	.094	.093	.091	.089

Constant	56°	54°	52°	50°	48°	46°	44°	42°	40°	38°	36°	34°	32°	30°
0.06	0.052	0.052	0.049	0.047	0.045	0.043	0.042	0.040	0.038	0.037	0.035	0.034	0.032	0.030
.07	.061	.059	.057	.055	.052	.050	.048	.047	.045	.043	.041	.039	.037	.035
.08	.070	.067	.065	.062	.060	.058	.056	.054	.051	.049	.047	.045	.042	.040
.09	.078	.076	.073	.070	.068	.065	.063	.060	.058	.056	.053	.050	.048	.046
.10	.087	.084	.081	.078	.075	.072	.070	.067	.064	.062	.059	.056	.053	.051

Constant	28°	26°	24°	22°	20°	18°	17°	16°	15°	14°	13°	12°	11°	10°
0.06	0.029	0.027	0.025	0.023	0.022	0.020	0.019	0.018	0.017	0.016	0.015	0.014	0.013	0.012
.07	.034	.032	.029	.027	.025	.023	.022	.021	.020	.019	.018	.016	.015	.014
.08	.038	.036	.031	.031	.029	.026	.025	.024	.023	.022	.020	.019	.018	.016
.09	.043	.040	.038	.035	.032	.030	.028	.027	.025	.024	.022	.021	.019	.018
.10	.048	.045	.042	.039	.036	.033	.032	.030	.028	.027	.025	.023	.022	.020

Constant	9°	8°	7°	6°	5°	4°	3°	2°	1°	0°	359°	358°	357°	356°
0.06	0.011	0.010	0.008	0.007	0.006	0.005	0.004	0.003	0.001	0.000	0.001	0.003	0.004	0.006
.07	.013	.011	.010	.009	.007	.006	.005	.003	.002	.000	.002	.003	.005	.007
.08	.014	.013	.012	.010	.008	.007	.005	.004	.002	.000	.002	.004	.006	.008
.09	.016	.014	.013	.011	.009	.008	.006	.004	.002	.000	.002	.004	.006	.009
.10	.018	.016	.014	.012	.010	.008	.006	.004	.002	.000	.002	.005	.007	.010

Constant	355°	354°	353°	352°	351°	350°	349°	348°	347°	346°	345°	344°	343°	342°
0.06	0.007	0.009	0.010	0.012	0.014	0.016	0.018	0.020	0.022	0.024	0.026	0.029	0.031	0.033
.07	.008	.010	.012	.014	.016	.018	.021	.023	.025	.028	.031	.034	.036	.040
.08	.010	.012	.014	.016	.018	.021	.023	.026	.029	.032	.035	.038	.042	.045
.09	.011	.013	.016	.018	.021	.023	.027	.030	.033	.036	.040	.043	.047	.051
.10	.012	.015	.018	.020	.023	.026	.030	.033	.036	.040	.044	.048	.052	.056

Constant	341°	340°	339°	338°	337°	336°	335°	334°	333°	332°	331°	330°	329°	328°
0.06	0.037	0.040	0.043	0.046	0.050	0.054	0.058	0.062	0.067	0.072	0.078	0.084	0.090	0.097
.07	.043	.046	.050	.054	.058	.062	.067	.072	.077	.083	.090	.097	.105	.113
.08	.049	.053	.057	.062	.066	.071	.077	.083	.088	.095	.103	.111	.120	.130
.09	.055	.059	.064	.069	.075	.080	.086	.093	.100	.108	.116	.125	.135	.146
.10	.061	.066	.071	.077	.083	.089	.096	.103	.111	.120	.129	.139	.150	.162

Constant	327°	326°	325°	324°	323°	322°	321°	320°	319°	318°	317°	316°	315°	314°
0.06	0.105	0.114	0.124	0.135	0.148	0.163	0.180	0.200	0.224	0.253	0.290	0.337	0.399	0.489
.07	.122	.133	.144	.158	.173	.190	.210	.234	.262	.296	.338	.393	.466	.571
.08	.140	.152	.165	.180	.198	.217	.240	.267	.299	.338	.387	.449	.532	.652
.09	.158	.171	.186	.202	.222	.244	.270	.301	.337	.380	.436	.505	.599	.734
.10	.175	.190	.207	.226	.247	.272	.300	.334	.374	.423	.484	.561	.665	.816

Constant	302°	301°	300°	299°	298°	297°	296°	295°	294°	293°	292°	291°	290°	289°
0.06	0.423	0.374	0.335	0.305	0.280	0.259	0.241	0.226	0.213	0.202	0.191	0.182	0.174	0.167
.07	.494	.436	.391	.356	.327	.302	.281	.264	.249	.235	.223	.212	.203	.194
.08	.564	.499	.447	.407	.373	.346	.322	.302	.284	.269	.255	.243	.232	.222
.09	.635	.561	.503	.458	.420	.389	.362	.339	.320	.302	.287	.273	.261	.250
.10	.706	.624	.560	.509	.467	.432	.402	.377	.355	.336	.319	.304	.290	.278

Constant	288°	287°	286°	285°	284°	283°	282°	281°	280°	279°	278°	277°	276°	275°
0.06	0.160	0.154	0.148	0.143	0.138	0.134	0.130	0.126	0.122	0.119	0.116	0.113	0.110	0.107
.07	.186	.179	.173	.166	.161	.156	.151	.147	.143	.139	.135	.132	.128	.125
.08	.213	.205	.198	.190	.184	.178	.173	.168	.163	.158	.154	.150	.146	.143
.09	.239	.231	.222	.214	.207	.201	.194	.189	.183	.178	.174	.169	.165	.161
.10	.267	.256	.247	.238	.230	.223	.216	.210	.204	.198	.193	.188	.183	.179

VALUE OF THE AZIMUTH CORRECTION, Aa.

Argument: Zenith Distance South.

Between 0° and 85° and between 275° and 305° the Correction has the same sign as the Constant; between 315° and 0° it has the opposite sign.

Constant	85°	84°	83°	82°	81°	80°	79°	78°	77°	76°	75°	74°	73°	72°
s.	s.	s.	s.	s.	s.	s.	s.	s.	s.	s.	s.	s.	s.	s.
0.11	0.158	0.155	0.152	0.150	0.146	0.144	0.141	0.139	0.136	0.134	0.132	0.129	0.127	0.125
.12	.173	.169	.166	.163	.160	.157	.154	.151	.149	.146	.143	.141	.138	.136
.13	.187	.183	.179	.177	.173	.170	.166	.164	.161	.158	.155	.152	.150	.147
.14	.202	.197	.193	.190	.186	.183	.179	.176	.174	.170	.167	.164	.161	.159
.15	.216	.212	.207	.204	.199	.196	.192	.189	.186	.183	.179	.176	.173	.170

Constant	71°	70°	69°	68°	67°	66°	65°	64°	63°	62°	61°	60°	59°	58°
0.11	0.122	0.120	0.118	0.117	0.115	0.113	0.111	0.109	0.107	0.105	0.104	0.102	0.100	0.099
.12	.133	.131	.129	.127	.125	.123	.121	.119	.117	.115	.113	.111	.109	.108
.13	.145	.142	.140	.138	.135	.134	.131	.129	.127	.125	.123	.121	.119	.117
.14	.156	.153	.151	.148	.146	.144	.141	.139	.137	.134	.132	.130	.128	.126
.15	.168	.164	.162	.159	.156	.154	.152	.149	.146	.144	.142	.139	.137	.135

Constant	56°	54°	52°	50°	48°	46°	44°	42°	40°	38°	36°	34°	32°	30°
0.11	0.096	0.092	0.089	0.086	0.082	0.079	0.077	0.074	0.070	0.067	0.065	0.062	0.058	0.056
.12	.104	.101	.097	.094	.090	.086	.083	.080	.077	.074	.071	.067	.064	.061
.13	.113	.109	.105	.101	.098	.094	.091	.087	.083	.080	.077	.073	.069	.066
.14	.121	.118	.113	.109	.105	.101	.098	.094	.090	.086	.082	.078	.075	.071
.15	.130	.126	.121	.117	.112	.108	.104	.100	.096	.092	.088	.084	.080	.076

Constant	28°	26°	24°	22°	20°	18°	17°	16°	15°	14°	13°	12°	11°	10°
0.11	0.053	0.050	0.046	0.043	0.040	0.036	0.034	0.033	0.031	0.030	0.028	0.025	0.023	0.022
.12	.058	.054	.050	.047	.043	.040	.038	.036	.034	.032	.030	.028	.026	.024
.13	.062	.058	.055	.051	.047	.043	.041	.039	.036	.034	.032	.030	.028	.026
.14	.067	.063	.059	.055	.051	.046	.044	.042	.039	.037	.035	.033	.030	.028
.15	.072	.068	.063	.059	.054	.050	.047	.045	.042	.040	.038	.035	.032	.030

Constant	9°	8°	7°	6°	5°	4°	3°	2°	1°	0°	359°	358°	357°	356°
0.11	0.020	0.018	0.015	0.014	0.012	0.009	0.007	0.005	0.002	0.000	0.002	0.005	0.008	0.010
.12	.022	.020	.017	.015	.013	.011	.008	.005	.003	.000	.003	.006	.008	.011
.13	.024	.021	.019	.016	.014	.011	.008	.005	.003	.000	.003	.006	.009	.012
.14	.025	.022	.020	.018	.015	.012	.009	.006	.003	.000	.003	.006	.010	.013
.15	.027	.024	.022	.019	.016	.013	.010	.007	.003	.000	.003	.007	.010	.014

Constant	355°	354°	353°	352°	351°	350°	349°	348°	347°	346°	345°	344°	343°	342°
0.11	0.013	0.016	0.019	0.022	0.025	0.029	0.032	0.036	0.040	0.044	0.048	0.053	0.057	0.062
.12	.014	.018	.021	.024	.028	.032	.035	.040	.044	.048	.053	.058	.063	.068
.13	.016	.019	.023	.026	.030	.034	.038	.043	.047	.052	.057	.062	.068	.073
.14	.017	.020	.024	.028	.033	.037	.041	.046	.051	.056	.061	.067	.073	.079
.15	.018	.022	.026	.031	.035	.040	.044	.049	.055	.060	.066	.072	.078	.085

Constant	341°	340°	339°	338°	337°	336°	335°	334°	333°	332°	331°	330°	329°	328°
0.11	0.067	0.073	0.078	0.085	0.091	0.096	0.106	0.113	0.122	0.132	0.142	0.153	0.165	0.178
.12	.073	.079	.086	.092	.100	.107	.115	.124	.133	.143	.154	.166	.179	.194
.13	.080	.086	.093	.100	.108	.116	.125	.134	.144	.155	.167	.180	.195	.211
.14	.086	.093	.100	.108	.116	.125	.134	.145	.156	.168	.180	.195	.210	.227
.15	.092	.099	.107	.116	.125	.134	.144	.155	.166	.179	.194	.208	.225	.243

Constant	327°	326°	325°	324°	323°	322°	321°	320°	319°	318°	317°	316°	315°	303°
0.11	0.192	0.209	0.227	0.248	0.272	0.298	0.330	0.367	0.411	0.465	0.532	0.617	0.731	0.898
.12	.210	.228	.248	.270	.296	.325	.360	.400	.448	.507	.580	.674	.797	.980
.13	.228	.247	.269	.292	.321	.352	.390	.434	.486	.550	.629	.730	.864	1.061
.14	.245	.266	.289	.315	.346	.379	.420	.467	.523	.592	.677	.786	.930	1.143
.15	.263	.285	.310	.338	.370	.407	.450	.500	.561	.634	.725	.842	.997	1.225

Constant	302°	301°	300°	299°	298°	297°	296°	295°	294°	293°	292°	291°	290°	289°
0.11	0.777	0.686	0.616	0.560	0.517	0.475	0.443	0.415	0.391	0.370	0.351	0.334	0.319	0.305
.12	.848	.748	.672	.610	.560	.518	.483	.452	.426	.403	.383	.365	.348	.333
.13	.918	.811	.728	.661	.607	.562	.523	.490	.462	.437	.415	.395	.377	.361
.14	.989	.873	.784	.712	.653	.605	.564	.528	.497	.470	.446	.425	.406	.389
.15	1.059	.936	.840	.763	.700	.648	.604	.566	.533	.504	.478	.450	.435	.417

Constant	288°	287°	286°	285°	284°	283°	282°	281°	280°	279°	278°	277°	276°	275°
0.11	0.293	0.282	0.272	0.262	0.253	0.245	0.238	0.231	0.225	0.218	0.212	0.207	0.201	0.196
.12	.320	.307	.296	.286	.276	.268	.259	.252	.245	.238	.231	.226	.220	.214
.13	.347	.333	.321	.309	.299	.290	.281	.273	.265	.257	.250	.244	.238	.232
.14	.373	.358	.346	.333	.322	.312	.302	.294	.285	.277	.270	.263	.256	.250
.15	.400	.384	.370	.357	.345	.335	.324	.315	.306	.297	.289	.282	.274	.268

VALUES OF THE AZIMUTH CORRECTION, Aa.

Constant		
Argument: Zenith Distance South.	Between 0° and 85° and between 275° and 303° the Correction has the same sign as the Constant; between 315° and 0° it has the opposite sign.	

Constant	85°	84°	83°	82°	81°	80°	79°	78°	77°	76°	75°	74°	73°	72°
	s.	s.	s.	s.	s.	s.	s.	s.	s.	s.	s.	s.	s.	s.
0.16	0.230	0.226	0.221	0.218	0.213	0.209	0.205	0.202	0.198	0.195	0.191	0.188	0.185	0.181
.17	.245	.240	.235	.231	.226	.222	.218	.214	.211	.207	.203	.200	.197	.193
.18	.259	.254	.248	.245	.239	.235	.230	.227	.223	.220	.215	.212	.209	.205
.19	.274	.268	.262	.258	.253	.249	.243	.239	.236	.232	.227	.223	.220	.216
.20	.287	.282	.276	.271	.266	.261	.256	.252	.248	.244	.239	.235	.231	.227

Constant	71°	70°	69°	68°	67°	66°	65°	64°	63°	62°	61°	60°	59°	58°
0.16	0.178	0.174	0.172	0.170	0.167	0.164	0.162	0.159	0.156	0.153	0.151	0.148	0.146	0.143
.17	.189	.185	.183	.180	.177	.174	.172	.169	.166	.163	.160	.158	.155	.152
.18	.201	.196	.194	.191	.187	.185	.182	.178	.176	.173	.170	.167	.164	.161
.19	.212	.207	.205	.201	.198	.195	.192	.188	.185	.182	.179	.176	.173	.170
.20	.223	.219	.216	.212	.208	.205	.202	.198	.195	.192	.189	.186	.183	.179

Constant	56°	54°	52°	50°	48°	46°	44°	42°	40°	38°	36°	34°	32°	30°
0.16	0.139	0.134	0.129	0.125	0.120	0.116	0.112	0.107	0.103	0.099	0.091	0.090	0.086	0.081
.17	.148	.143	.138	.133	.128	.123	.118	.114	.109	.105	.100	.095	.091	.086
.18	.157	.151	.145	.140	.135	.130	.125	.120	.115	.111	.106	.101	.096	.091
.19	.165	.160	.154	.148	.143	.137	.132	.127	.122	.117	.112	.106	.101	.096
.20	.173	.168	.162	.156	.150	.145	.139	.134	.129	.123	.118	.112	.107	.101

Constant	28°	26°	24°	22°	20°	18°	17°	16°	15°	14°	13°	12°	11°	10°
0.16	0.077	0.072	0.067	0.063	0.058	0.053	0.050	0.048	0.045	0.043	0.040	0.037	0.035	0.032
.17	.082	.076	.071	.066	.061	.056	.054	.051	.048	.045	.043	.040	.037	.034
.18	.086	.081	.076	.070	.065	.059	.057	.054	.051	.048	.045	.042	.039	.036
.19	.091	.086	.080	.074	.069	.063	.060	.057	.054	.051	.048	.044	.041	.038
.20	.096	.090	.084	.076	.072	.066	.063	.060	.057	.053	.050	.047	.043	.040

Constant	9°	8°	7°	6°	5°	4°	3°	2°	1°	0°	359°	358°	357°	356°
0.16	0.029	0.026	0.023	0.020	0.017	0.014	0.010	0.007	0.004	0.000	0.004	0.007	0.011	0.015
.17	.031	.027	.024	.021	.018	.014	.011	.007	.004	.000	.004	.007	.012	.016
.18	.033	.029	.026	.022	.019	.015	.012	.008	.004	.000	.004	.008	.013	.017
.19	.034	.031	.027	.024	.020	.016	.012	.008	.004	.000	.004	.009	.013	.018
.20	.036	.033	.029	.025	.021	.017	.013	.009	.005	.000	.004	.009	.014	.019

Constant	355°	354°	353°	352°	351°	350°	349°	348°	347°	346°	345°	344°	343°	342°
0.16	0.019	0.023	0.028	0.033	0.037	0.042	0.047	0.053	0.058	0.064	0.070	0.077	0.083	0.090
.17	.020	.025	.030	.035	.040	.045	.050	.056	.062	.068	.075	.081	.088	.096
.18	.022	.026	.031	.037	.042	.047	.053	.059	.065	.072	.079	.086	.094	.102
.19	.023	.028	.033	.039	.044	.050	.056	.062	.069	.076	.083	.091	.099	.107
.20	.024	.029	.035	.041	.047	.053	.059	.066	.073	.080	.088	.096	.104	.113

Constant	341°	340°	339°	338°	337°	336°	335°	334°	333°	332°	331°	330°	329°	328°
0.16	0.098	0.106	0.114	0.123	0.133	0.143	0.154	0.165	0.178	0.191	0.206	0.222	0.240	0.259
.17	.104	.112	.121	.131	.141	.152	.163	.176	.189	.203	.219	.236	.254	.275
.18	.110	.119	.128	.139	.149	.160	.173	.186	.200	.213	.232	.250	.269	.291
.19	.116	.126	.136	.147	.158	.169	.182	.196	.211	.227	.245	.264	.285	.308
.20	.122	.132	.143	.154	.166	.178	.192	.207	.222	.239	.257	.277	.300	.324

Constant	327°	326°	325°	324°	323°	322°	321°	320°	319°	318°	317°	316°	315°	303°
0.16	0.280	0.304	0.331	0.360	0.395	0.434	0.480	0.534	0.598	0.676	0.773	0.898	1.063	1.306
.17	.298	.323	.351	.383	.420	.461	.510	.567	.635	.718	.822	.954	1.130	1.388
.18	.315	.342	.372	.406	.445	.488	.540	.600	.673	.761	.870	1.010	1.196	1.460
.19	.333	.361	.392	.428	.469	.515	.570	.634	.710	.803	.918	1.066	1.263	1.541
.20	.351	.380	.414	.451	.494	.543	.600	.667	.747	.845	.967	1.123	1.330	1.633

Constant	302°	301°	300°	299°	298°	297°	296°	295°	294°	293°	292°	291°	290°	289°
0.16	1.130	0.998	0.896	0.814	0.747	0.692	0.644	0.604	0.568	0.538	0.510	0.486	0.464	0.444
.17	1.201	1.061	0.952	0.865	.794	.735	.684	.641	.604	.571	.542	.516	.493	.472
.18	1.271	1.123	1.008	0.916	.840	.778	.725	.679	.639	.605	.574	.547	.522	.500
.19	1.342	1.185	1.064	0.967	.887	.821	.765	.717	.675	.638	.606	.577	.551	.528
.20	1.413	1.248	1.120	1.018	.934	.864	.805	.755	.711	.672	.635	.607	.580	.555

Constant	288°	287°	286°	285°	284°	283°	282°	281°	280°	279°	278°	277°	276°	275°
0.16	0.427	0.410	0.395	0.381	0.368	0.357	0.346	0.336	0.326	0.317	0.308	0.301	0.293	0.256
.17	.453	.435	.420	.405	.391	.379	.367	.357	.347	.337	.325	.320	.311	.304
.18	.480	.461	.445	.428	.414	.401	.389	.378	.367	.356	.347	.338	.329	.322
.19	.507	.486	.469	.452	.437	.424	.410	.398	.387	.376	.366	.357	.348	.339
.20	.533	.513	.494	.476	.460	.446	.432	.419	.407	.396	.386	.376	.366	.357

VALUES OF THE AZIMUTH CORRECTION, Aa.

Argument: Zenith Distance South.

Between 0° and 85° and between 275° and 303° the Correction has the same sign as the Constant; between 315° and 0° it has the opposite sign.

Constant s.	85°	84°	83°	82°	81°	80°	79°	78°	77°	76°	75°	74°	73°	72°
0.21	0.302	0.296	0.290	0.286	0.279	0.275	0.269	0.265	0.260	0.256	0.250	0.247	0.243	0.239
.22	.317	.310	.304	.299	.293	.288	.282	.277	.273	.268	.262	.259	.254	.250
.23	.331	.324	.317	.313	.306	.301	.294	.290	.285	.280	.274	.271	.266	.261
.24	.346	.338	.311	.326	.319	.314	.307	.302	.298	.292	.286	.282	.277	.273
.25	.360	.352	.345	.340	.332	.327	.320	.315	.310	.305	.298	.294	.289	.284

Constant s.	71°	70°	69°	68°	67°	66°	65°	64°	63°	62°	61°	60°	59°	58°
0.21	0.234	0.229	0.226	0.223	0.219	0.215	0.212	0.208	0.205	0.201	0.198	0.195	0.192	0.188
.22	.245	.240	.237	.233	.229	.225	.222	.218	.215	.211	.208	.204	.201	.197
.23	.257	.251	.248	.244	.240	.236	.232	.228	.224	.221	.217	.213	.210	.206
.24	.268	.262	.259	.254	.250	.246	.242	.235	.234	.230	.227	.223	.219	.215
.25	.279	.273	.269	.265	.260	.256	.252	.248	.244	.240	.236	.232	.228	.224

Constant s.	56°	54°	52°	50°	48°	46°	44°	42°	40°	38°	36°	34°	32°	30°
0.21	0.182	0.176	0.170	0.164	0.158	0.152	0.146	0.141	0.135	0.129	0.123	0.118	0.112	0.106
.22	.191	.184	.178	.172	.165	.159	.153	.148	.141	.136	.129	.123	.117	.111
.23	.200	.193	.186	.179	.173	.166	.160	.154	.148	.142	.135	.129	.123	.117
.24	.208	.201	.194	.187	.180	.174	.167	.161	.154	.148	.141	.135	.128	.122
.25	.217	.209	.202	.195	.188	.181	.174	.168	.161	.154	.147	.140	.134	.127

Constant s.	28°	26°	24°	22°	20°	19°	17°	16°	15°	14°	13°	12°	11°	10°
0.21	0.101	0.095	0.088	0.082	0.076	0.070	0.066	0.063	0.059	0.056	0.053	0.049	0.045	0.042
.22	.105	.099	.093	.086	.080	.073	.069	.066	.062	.059	.055	.051	.048	.044
.23	.110	.104	.097	.090	.083	.076	.072	.069	.065	.061	.058	.054	.050	.046
.24	.115	.108	.101	.094	.087	.079	.076	.072	.068	.064	.060	.056	.052	.048
.25	.120	.113	.105	.098	.090	.083	.079	.075	.071	.067	.063	.058	.054	.050

Constant s.	9°	8°	7°	6°	5°	4°	3°	2°	1°	0°	359°	358°	357°	356°
0.21	0.038	0.034	0.030	0.026	0.022	0.018	0.014	0.009	0.005	0.000	0.005	0.009	0.014	0.020
.22	.040	.036	.032	.027	.023	.019	.014	.010	.005	.000	.005	.010	.014	.021
.23	.042	.037	.033	.029	.024	.020	.015	.010	.005	.000	.005	.010	.015	.022
.24	.043	.039	.035	.030	.025	.020	.016	.010	.006	.000	.006	.010	.016	.023
.25	.045	.041	.036	.031	.026	.021	.016	.011	.005	.000	.006	.011	.016	.024

Constant s.	355°	354°	353°	352°	351°	350°	349°	348°	347°	346°	345°	344°	343°	342°
0.21	0.025	0.031	0.037	0.043	0.049	0.055	0.062	0.069	0.076	0.084	0.092	0.101	0.109	0.119
.22	.027	.032	.039	.045	.051	.058	.065	.072	.080	.088	.097	.105	.115	.124
.23	.028	.034	.040	.047	.054	.061	.068	.076	.084	.092	.101	.110	.120	.130
.24	.029	.035	.042	.049	.056	.063	.071	.079	.087	.096	.105	.115	.125	.136
.25	.030	.037	.044	.051	.058	.066	.074	.082	.091	.100	.110	.120	.130	.141

Constant s.	341°	340°	339°	338°	337°	336°	335°	334°	333°	332°	331°	330°	329°	328°
0.21	0.128	0.139	0.150	0.162	0.174	0.187	0.202	0.217	0.233	0.251	0.271	0.292	0.315	0.340
.22	.135	.146	.157	.169	.183	.196	.211	.228	.244	.263	.284	.305	.330	.356
.23	.141	.152	.164	.177	.191	.205	.221	.237	.255	.275	.297	.320	.345	.373
.24	.147	.159	.171	.185	.199	.214	.231	.248	.266	.287	.310	.334	.360	.389
.25	.153	.166	.179	.192	.208	.223	.240	.259	.277	.299	.322	.348	.375	.405

Constant s.	327°	326°	325°	324°	323°	322°	321°	320°	319°	318°	317°	316°	315°	303°
0.21	0.368	0.399	0.434	0.471	0.518	0.570	0.630	0.700	0.785	0.887	1.015	1.179	1.395	1.714
.22	.385	.418	.455	.494	.543	.597	.660	.734	.822	.930	1.063	1.235	1.462	1.796
.23	.403	.437	.476	.517	.568	.621	.690	.767	.860	.972	1.112	1.291	1.528	1.878
.24	.420	.456	.496	.539	.593	.651	.720	.800	.897	1.014	1.160	1.347	1.595	1.960
.25	.438	.475	.517	.561	.618	.679	.750	.834	.935	1.056	1.208	1.403	1.661	2.041

Constant s.	302°	301°	300°	299°	298°	297°	296°	295°	294°	293°	292°	291°	290°	289°
0.21	1.483	1.310	1.176	1.068	0.981	0.908	0.845	0.792	0.746	0.706	0.670	0.638	0.609	0.583
.22	1.554	1.373	1.232	1.119	1.027	0.951	0.886	0.830	0.782	0.739	0.702	0.668	0.638	.611
.23	1.624	1.435	1.288	1.170	1.074	0.994	0.926	0.868	0.817	0.773	0.733	0.698	0.667	.639
.24	1.695	1.497	1.344	1.221	1.121	1.037	0.966	0.906	0.853	0.806	0.765	0.729	0.696	.666
.25	1.766	1.560	1.400	1.272	1.168	1.080	1.006	0.943	0.888	0.840	0.797	0.759	0.725	.694

Constant s.	288°	287°	286°	285°	284°	283°	282°	281°	280°	279°	278°	277°	276°	275°
0.21	0.560	0.538	0.519	0.500	0.483	0.468	0.454	0.440	0.428	0.416	0.405	0.394	0.384	0.375
.22	.587	.563	.543	.524	.506	.491	.475	.461	.448	.436	.424	.413	.403	.393
.23	.614	.589	.568	.547	.529	.513	.497	.482	.468	.455	.443	.432	.421	.411
.24	.640	.615	.593	.571	.552	.535	.518	.503	.488	.475	.463	.451	.439	.429
.25	.667	.641	.617	.595	.575	.558	.540	.524	.509	.495	.482	.470	.458	.447

VALUES OF THE AZIMUTH CORRECTION, A_a.

Argument: Zenith Distance South.

Between 0° and 85° and between 275° and 303° the Correction has the same sign as the Constant; between 315° and 0° it has the opposite sign.

Constant.	85°	84°	83°	82°	81°	80°	79°	78°	77°	76°	75°	74°	73°	72°
0.26	0.374	0.367	0.359	0.354	0.346	0.340	0.333	0.328	0.322	0.317	0.310	0.307	0.301	0.296
.27	0.389	.381	.373	.367	.359	.353	.346	.340	.335	.340	.322	.318	.312	.307
.28	.403	.395	.386	.381	.372	.366	.358	.353	.347	.341	.334	.329	.324	.318
.29	.418	.409	.400	.394	.386	.380	.371	.365	.360	.353	.346	.341	.335	.330
.30	.430	.422	.415	.407	.399	.392	.384	.378	.372	.365	.358	.353	.347	.341

Constant.	71°	70°	69°	68°	67°	66°	65°	64°	63°	62°	61°	60°	59°	58°
0.26	0.290	0.284	0.279	0.275	0.271	0.267	0.263	0.258	0.254	0.249	0.245	0.241	0.237	0.233
.27	.301	.295	.291	.286	.281	.277	.273	.263	.264	.259	.255	.251	.246	.242
.28	.313	.306	.302	.297	.292	.287	.283	.278	.273	.269	.264	.260	.256	.251
.29	.324	.317	.312	.307	.302	.297	.293	.288	.283	.278	.274	.269	.265	.260
.30	.335	.328	.323	.318	.312	.308	.303	.298	.293	.288	.283	.278	.274	.269

Constant.	56°	54°	52°	50°	48°	46°	44°	42°	40°	38°	36°	34°	32°	30°
0.26	0.226	0.218	0.210	0.203	0.196	0.188	0.181	0.174	0.167	0.160	0.153	0.146	0.139	0.132
.27	.234	.226	.218	.211	.203	.195	.188	.181	.174	.166	.159	.151	.144	.137
.28	.243	.235	.226	.218	.211	.203	.195	.188	.180	.172	.165	.157	.150	.142
.29	.252	.243	.235	.226	.218	.210	.202	.195	.186	.179	.170	.163	.155	.147
.30	.260	.251	.243	.234	.226	.217	.209	.201	.193	.185	.176	.168	.160	.152

Constant.	28°	26°	24°	22°	20°	18°	17°	16°	15°	14°	13°	12°	11°	10°
0.26	0.124	0.117	0.109	0.102	0.094	0.086	0.082	0.078	0.074	0.069	0.065	0.061	0.056	0.052
.27	.129	.122	.114	.106	.098	.089	.085	.081	.076	.072	.068	.063	.058	.054
.28	.134	.126	.118	.110	.101	.093	.088	.084	.079	.075	.070	.066	.060	.056
.29	.139	.131	.122	.114	.105	.096	.091	.087	.082	.077	.073	.068	.063	.058
.30	.144	.135	.126	.118	.109	.099	.094	.090	.085	.080	.075	.070	.065	.060

Constant.	9°	8°	7°	6°	5°	4°	3°	2°	1°	0°	359°	358°	357°	356°
0.26	0.047	0.042	0.037	0.033	0.027	0.022	0.017	0.011	0.006	0.000	0.006	0.011	0.017	0.025
.27	.049	.044	.039	.034	.028	.023	.018	.012	.006	.000	.006	.012	.018	.026
.28	.051	.046	.040	.035	.029	.024	.018	.012	.006	.000	.006	.012	.018	.027
.29	.052	.047	.042	.036	.030	.025	.019	.013	.007	.000	.007	.013	.019	.028
.30	.054	.049	.043	.038	.031	.026	.020	.013	.007	.000	.007	.013	.020	.029

Constant.	355°	354°	353°	352°	351°	350°	349°	348°	347°	346°	345°	344°	343°	342°
0.26	0.031	0.038	0.046	0.053	0.061	0.069	0.077	0.086	0.095	0.104	0.114	0.124	0.135	0.147
.27	.033	.040	.047	.055	.063	.071	.080	.089	.098	.108	.118	.129	.141	.153
.28	.034	.041	.049	.057	.065	.074	.083	.092	.102	.112	.123	.134	.146	.158
.29	.035	.043	.051	.059	.068	.077	.086	.095	.106	.116	.127	.139	.151	.164
.30	.036	.044	.052	.061	.070	.079	.089	.099	.109	.120	.132	.144	.156	.170

Constant.	341°	340°	339°	338°	337°	336°	335°	334°	333°	332°	331°	330°	329°	328°
0.26	0.159	0.172	0.186	0.200	0.216	0.232	0.250	0.269	0.289	0.310	0.335	0.361	0.390	0.421
.27	.165	.179	.193	.208	.224	.241	.259	.279	.300	.322	.348	.375	.405	.437
.28	.171	.185	.200	.216	.232	.250	.269	.289	.311	.334	.361	.389	.420	.454
.29	.177	.192	.207	.223	.241	.259	.279	.299	.322	.346	.374	.403	.435	.470
.30	.184	.199	.214	.231	.249	.268	.288	.310	.333	.358	.387	.417	.450	.486

Constant.	327°	326°	325°	324°	323°	322°	321°	320°	319°	318°	317°	316°	315°	303°
0.26	0.455	0.494	0.537	0.584	0.642	0.706	0.780	0.867	0.972	1.099	1.257	1.459	1.728	2.123
.27	.473	.513	.558	.606	.667	.733	.810	.900	1.009	1.141	1.305	1.516	1.794	2.204
.28	.490	.532	.579	.629	.691	.759	.840	.934	1.046	1.183	1.354	1.572	1.861	2.286
.29	.508	.551	.600	.651	.716	.787	.870	.967	1.084	1.226	1.402	1.628	1.927	2.368
.30	.526	.570	.620	.676	.741	.805	.900	1.000	1.121	1.268	1.450	1.684	1.994	2.449

Constant.	302°	301°	300°	299°	298°	297°	296°	295°	294°	293°	292°	291°	290°	289°
0.26	1.836	1.622	1.456	1.323	1.214	1.124	1.046	0.981	0.924	0.874	0.829	0.789	0.754	0.722
.27	1.907	1.685	1.512	1.374	1.261	1.167	1.087	1.019	0.959	0.907	0.861	0.820	0.783	.750
.28	1.978	1.747	1.568	1.425	1.308	1.210	1.127	1.056	0.994	0.941	0.893	0.850	0.812	.778
.29	2.048	1.809	1.624	1.476	1.354	1.253	1.167	1.094	1.030	0.974	0.925	0.880	0.841	.805
.30	2.119	1.872	1.680	1.526	1.401	1.297	1.207	1.132	1.066	1.008	0.956	0.911	0.870	.833

Constant.	288°	287°	286°	285°	284°	283°	282°	281°	280°	279°	278°	277°	276°	275°
0.26	0.720	0.666	0.642	0.619	0.598	0.580	0.562	0.545	0.529	0.515	0.501	0.488	0.476	0.464
.27	.720	.692	.667	.643	.621	.602	.583	.565	.550	.535	.520	.507	.494	.482
.28	.747	.717	.691	.667	.644	.624	.605	.587	.568	.550	.539	.526	.512	.500
.29	.774	.743	.716	.690	.667	.647	.626	.608	.590	.574	.559	.545	.531	.518
.30	.800	.769	.741	.715	.690	.669	.648	.629	.611	.594	.578	.563	.549	.536

VALUES OF THE AZIMUTH CORRECTION, Aa.

Argument: Zenith Distance South.

Between 0° and 85° and between 275° and 303° the Correction has the same sign as the Constant; between 315° and 0° it has the opposite sign.

Constant.	85°	84°	83°	82°	81°	80°	79°	78°	77°	76°	75°	74°	73°	72°
0.31	0.446	0.437	0.428	0.422	0.412	0.406	0.397	0.391	0.384	0.378	0.370	0.365	0.358	0.353
.32	.461	.451	.442	.435	.426	.419	.410	.403	.397	.390	.382	.377	.369	.364
.33	.475	.465	.455	.449	.439	.432	.422	.416	.409	.402	.394	.388	.381	.375
.34	.490	.479	.469	.462	.452	.445	.435	.428	.422	.414	.406	.400	.393	.387
.35	.504	.494	.483	.476	.466	.458	.448	.441	.434	.427	.418	.412	.404	.398

Constant.	71°	70°	69°	68°	67°	66°	65°	64°	63°	62°	61°	60°	59°	58°
0.31	0.346	0.339	0.334	0.329	0.323	0.317	0.313	0.307	0.302	0.297	0.293	0.285	0.283	0.278
.32	.357	.350	.344	.339	.333	.327	.323	.317	.312	.307	.302	.297	.292	.287
.33	.368	.361	.355	.350	.344	.338	.333	.327	.322	.316	.312	.306	.301	.296
.34	.379	.372	.366	.360	.354	.348	.343	.337	.332	.326	.321	.316	.310	.305
.35	.391	.383	.377	.371	.365	.359	.354	.347	.342	.336	.330	.325	.320	.314

Constant.	56°	54°	52°	50°	48°	46°	44°	42°	40°	38°	36°	34°	32°	30°
0.31	0.269	0.260	0.251	0.242	0.233	0.224	0.216	0.208	0.199	0.191	0.182	0.174	0.166	0.157
.32	.278	.268	.259	.250	.241	.232	.223	.215	.206	.197	.185	.180	.171	.162
.33	.286	.277	.267	.257	.248	.239	.230	.221	.212	.203	.194	.185	.176	.167
.34	.295	.285	.275	.265	.256	.246	.237	.228	.219	.203	.200	.191	.182	.172
.35	.304	.293	.283	.273	.263	.253	.244	.235	.225	.216	.206	.196	.187	.177

Constant.	28°	26°	24°	22°	20°	18°	17°	16°	15°	14°	13°	12°	11°	10°
0.31	0.148	0.110	0.131	0.121	0.112	0.103	0.098	0.093	0.088	0.083	0.078	0.072	0.066	0.062
.32	.153	.144	.135	.125	.116	.106	.101	.096	.091	.085	.080	.075	.069	.064
.33	.158	.149	.139	.129	.119	.109	.104	.099	.093	.086	.083	.077	.071	.066
.34	.163	.153	.143	.133	.123	.112	.107	.102	.096	.091	.085	.080	.073	.068
.35	.168	.158	.147	.137	.127	.116	.110	.105	.099	.093	.088	.082	.076	.070

Constant.	9°	8°	7°	6°	5°	4°	3°	2°	1°	0°	359°	358°	357°	356°
0.31	0.056	0.050	0.045	0.039	0.033	0.026	0.020	0.014	0.007	0.000	0.007	0.014	0.020	0.030
.32	.058	.052	.046	.040	.034	.027	.021	.014	.007	.000	.007	.014	.021	.032
.33	.060	.054	.048	.041	.035	.028	.021	.015	.008	.000	.008	.015	.021	.031
.34	.062	.055	.049	.043	.036	.029	.022	.015	.008	.000	.008	.015	.022	.032
.35	.063	.057	.050	.044	.037	.030	.023	.015	.008	.000	.008	.015	.023	.033

Constant.	355°	354°	353°	352°	351°	350°	349°	348°	347°	346°	345°	344°	343°	342°
0.31	0.038	0.046	0.054	0.063	0.072	0.082	0.091	0.102	0.113	0.124	0.136	0.148	0.162	0.175
.32	.039	.047	.056	.065	.075	.084	.094	.105	.116	.128	.140	.153	.167	.181
.33	.040	.049	.058	.067	.077	.087	.097	.109	.120	.132	.145	.158	.172	.186
.34	.041	.050	.060	.069	.079	.090	.100	.112	.124	.136	.149	.163	.177	.192
.35	.042	.051	.061	.071	.082	.092	.103	.115	.127	.140	.154	.168	.182	.198

Constant.	341°	340°	339°	338°	337°	336°	335°	334°	333°	332°	331°	330°	329°	328°
0.31	0.190	0.205	0.221	0.239	0.257	0.276	0.298	0.320	0.344	0.370	0.400	0.431	0.464	0.502
.32	.196	.212	.228	.246	.266	.285	.307	.330	.355	.382	.413	.445	.479	.518
.33	.202	.218	.236	.254	.274	.294	.317	.341	.366	.394	.426	.459	.494	.535
.34	.208	.225	.243	.262	.282	.303	.327	.351	.377	.406	.439	.472	.509	.551
.35	.214	.232	.250	.270	.290	.312	.336	.361	.388	.418	.452	.486	.524	.567

Constant.	327°	326°	325°	324°	323°	322°	321°	320°	319°	318°	317°	316°	315°	314°
0.31	0.543	0.589	0.641	0.696	0.765	0.841	0.930	1.034	1.158	1.310	1.499	1.710	2.060	2.531
.32	.560	.608	.661	.719	.790	.868	.960	1.067	1.196	1.352	1.547	1.796	2.126	2.612
.33	.578	.627	.682	.741	.815	.895	.990	1.101	1.233	1.395	1.595	1.852	2.193	2.694
.34	.595	.646	.703	.764	.840	.922	1.020	1.134	1.271	1.437	1.644	1.909	2.259	2.776
.35	.613	.665	.723	.789	.864	.950	1.050	1.167	1.308	1.479	1.692	1.964	2.326	2.857

Constant.	302°	301°	300°	299°	298°	297°	296°	295°	294°	293°	292°	291°	290°	289°
0.31	2.190	1.934	1.736	1.577	1.445	1.340	1.248	1.170	1.101	1.042	0.988	0.941	0.899	0.861
.32	2.260	1.996	1.792	1.628	1.494	1.383	1.288	1.207	1.137	1.075	1.020	0.971	0.928	0.889
.33	2.331	2.059	1.848	1.679	1.541	1.426	1.328	1.245	1.172	1.109	1.052	1.002	0.957	0.917
.34	2.401	2.121	1.904	1.720	1.588	1.469	1.369	1.283	1.208	1.142	1.084	1.032	0.986	0.944
.35	2.472	2.184	1.960	1.761	1.634	1.513	1.409	1.320	1.244	1.176	1.116	1.063	1.015	0.972

Constant.	288°	287°	286°	285°	284°	283°	282°	281°	280°	279°	278°	277°	276°	275°
0.31	0.827	0.794	0.765	0.738	0.713	0.691	0.670	0.650	0.631	0.614	0.597	0.582	0.567	0.554
.32	.853	.820	.790	.762	.736	.714	.691	.671	.652	.634	.617	.601	.586	.572
.33	.880	.845	.815	.786	.759	.736	.713	.692	.672	.653	.636	.619	.604	.589
.34	.907	.871	.840	.809	.782	.758	.734	.713	.692	.673	.655	.638	.622	.607
.35	.934	.897	.864	.834	.805	.780	.756	.734	.713	.693	.674	.657	.640	.625

VALUES OF THE AZIMUTH CORRECTION, Aa.

Constant

Argument: Zenith Distance South.

Between 0° and 85° and between 275° and 303° the Correction has the same sign as the Constant; between 315° and 0° it has the opposite sign.

Constant	85°	84°	83°	82°	81°	80°	79°	78°	77°	76°	75°	74°	73°	72°
s.	s.	s.	s.	s.	s.	s.	s.	s.	s.	s.	s.	s.	s.	s.
0.36	0.518	0.508	0.497	0.490	0.479	0.471	0.461	0.454	0.446	0.439	0.429	0.423	0.416	0.409
.37	0.533	.522	.511	.503	.492	.485	.474	.466	.459	.451	.441	.435	.427	.420
.38	.547	.530	.524	.517	.505	.498	.486	.479	.471	.463	.453	.446	.439	.431
.39	.562	.550	.538	.530	.519	.511	.499	.491	.484	.475	.465	.459	.451	.443
.40	.576	.561	.553	.543	.532	.524	.512	.504	.496	.487	.477	.470	.462	.454

Constant	71°	70°	69°	68°	67°	66°	65°	64°	63°	62°	61°	60°	59°	58°
0.36	0.402	0.395	0.388	0.382	0.375	0.369	0.364	0.357	0.351	0.345	0.340	0.334	0.329	0.323
.37	.413	.406	.399	.394	.385	.379	.374	.367	.361	.355	.349	.343	.338	.332
.38	.424	.417	.410	.403	.395	.390	.384	.377	.371	.364	.359	.353	.347	.341
.39	.435	.428	.421	.413	.406	.400	.394	.387	.381	.374	.368	.362	.356	.350
.40	.446	.439	.432	.424	.416	.410	.404	.397	.390	.384	.378	.372	.365	.359

Constant	56°	54°	52°	50°	48°	46°	44°	42°	40°	38°	36°	34°	32°	30°
0.36	0.312	0.302	0.291	0.281	0.271	0.261	0.251	0.242	0.231	0.222	0.216	0.202	0.192	0.182
.37	.321	.310	.299	.289	.278	.268	.258	.249	.238	.228	.218	.208	.198	.188
.38	.330	.318	.307	.296	.286	.275	.265	.255	.244	.234	.223	.213	.203	.193
.39	.338	.327	.316	.304	.293	.282	.272	.262	.251	.240	.229	.219	.208	.198
.40	.317	.335	.324	.312	.301	.290	.279	.258	.257	.246	.235	.224	.214	.203

Constant	28°	26°	24°	22°	20°	18°	17°	16°	15°	14°	13°	12°	11°	10°
0.36	0.172	0.162	0.152	0.141	0.130	0.119	0.113	0.108	0.102	0.096	0.090	0.084	0.078	0.072
.37	.177	.167	.156	.145	.134	.122	.116	.111	.105	.099	.093	.087	.080	.074
.38	.182	.171	.160	.149	.138	.126	.119	.114	.108	.101	.095	.089	.082	.076
.39	.187	.176	.164	.153	.141	.129	.123	.117	.110	.104	.098	.091	.084	.078
.40	.192	.180	.168	.157	.145	.132	.126	.120	.113	.107	.100	.091	.086	.080

Constant	9°	8°	7°	6°	5°	4°	3°	2°	1°	0°	359°	358°	357°	356°
0.36	0.065	0.059	0.052	0.045	0.038	0.031	0.023	0.016	0.008	0.000	0.008	0.016	0.023	0.031
.37	.067	.060	.053	.046	.039	.031	.024	.016	.008	.000	.008	.016	.024	.033
.38	.069	.062	.055	.048	.040	.032	.025	.017	.009	.000	.009	.017	.025	.036
.39	.071	.064	.056	.049	.041	.033	.025	.017	.009	.000	.009	.017	.025	.037
.40	.072	.065	.058	.050	.042	.034	.026	.018	.009	.000	.009	.018	.026	.038

Constant	355°	354°	353°	352°	351°	350°	349°	348°	347°	346°	345°	344°	343°	342°
0.36	0.044	0.053	0.063	0.073	0.084	0.095	0.106	0.118	0.131	0.144	0.158	0.172	0.188	0.203
.37	.045	.054	.065	.075	.086	.098	.109	.122	.135	.148	.162	.177	.193	.203
.38	.046	.056	.067	.077	.089	.100	.112	.125	.138	.152	.167	.182	.198	.215
.39	.047	.057	.068	.080	.091	.103	.115	.128	.142	.156	.171	.187	.203	.220
.40	.048	.059	.070	.082	.093	.106	.118	.132	.146	.160	.176	.192	.208	.226

Constant	341°	340°	339°	338°	337°	336°	335°	334°	333°	332°	331°	330°	329°	328°
0.36	0.220	0.238	0.257	0.277	0.299	0.321	0.346	0.372	0.400	0.429	0.464	0.500	0.539	0.583
.37	.226	.245	.264	.285	.307	.330	.356	.382	.411	.441	.477	.514	.554	.599
.38	.232	.252	.271	.293	.315	.339	.365	.392	.422	.453	.490	.528	.569	.616
.39	.239	.258	.278	.300	.324	.348	.375	.402	.433	.465	.503	.542	.584	.632
.40	.245	.265	.286	.308	.332	.357	.384	.413	.444	.477	.516	.556	.599	.648

Constant	327°	326°	325°	324°	323°	322°	321°	320°	319°	318°	317°	316°	315°	303°
0.36	0.630	0.684	0.744	0.812	0.889	0.977	1.080	1.201	1.345	1.521	1.740	2.021	2.392	2.959
.37	.648	.703	.765	.834	.913	1.004	1.110	1.234	1.383	1.564	1.789	2.077	2.459	3.021
.38	.665	.722	.786	.857	.939	1.031	1.140	1.267	1.420	1.606	1.837	2.133	2.525	3.102
.39	.683	.741	.806	.879	.963	1.058	1.170	1.301	1.457	1.648	1.885	2.189	2.592	3.184
.40	.701	.760	.827	.902	.988	1.086	1.200	1.334	1.495	1.690	1.934	2.245	2.658	3.266

Constant	302°	301°	300°	299°	298°	297°	296°	295°	294°	293°	292°	291°	290°	289°
0.36	2.543	2.246	2.016	1.832	1.681	1.556	1.449	1.358	1.279	1.209	1.147	1.092	1.044	1.000
.37	2.613	2.308	2.072	1.883	1.728	1.599	1.489	1.396	1.315	1.243	1.179	1.124	1.073	1.027
.38	2.684	2.371	2.128	1.933	1.775	1.642	1.530	1.434	1.350	1.276	1.211	1.154	1.102	1.055
.39	2.755	2.433	2.184	1.984	1.821	1.686	1.570	1.471	1.386	1.310	1.244	1.185	1.132	1.083
.40	2.825	2.496	2.240	2.035	1.868	1.729	1.610	1.509	1.421	1.344	1.275	1.214	1.160	1.111

Constant	288°	287°	286°	285°	284°	283°	282°	281°	280°	279°	278°	277°	276°	275°
0.36	0.960	0.923	0.889	0.857	0.829	0.805	0.778	0.755	0.732	0.713	0.693	0.676	0.659	0.642
.37	.986	.949	.914	.881	.852	.825	.799	.776	.753	.733	.713	.695	.677	.660
.38	1.013	.974	.938	.905	.875	.847	.821	.797	.774	.752	.732	.713	.695	.678
.39	1.039	1.000	.963	.929	.898	.870	.842	.818	.793	.773	.751	.732	.714	.696
.40	1.066	1.026	.988	.957	.920	.892	.864	.840	.814	.792	.771	.751	.732	.714

VALUE OF THE AZIMUTH CORRECTION, *Aa.*

Constant.

Argument: Zenith Distance South.

Between 0° and 85° and between 275° and 303° the Correction has the same sign as the Constant; between 315° and 0° it has the opposite sign.

Constant	85°	84°	83°	82°	81°	80°	79°	78	77°	76°	75°	74°	73°	72°
	s.	s.	s.	s.	s.	s.	s.	s.	s.	s.	s.	s.	s.	s.
0.41	0.590	0.578	0.566	0.558	0.545	0.537	0.525	0.517	0.508	0.500	0.489	0.482	0.474	0.466
.42	.605	.592	.580	.571	.559	.550	.538	.529	.521	.512	.500	.494	.485	.476
.43	.619	.606	.593	.585	.572	.563	.550	.542	.533	.524	.513	.506	.497	.488
.44	.634	.620	.607	.598	.585	.576	.563	.554	.545	.536	.524	.518	.509	.500
.45	.648	.634	.621	.612	.598	.589	.576	.567	.558	.549	.537	.529	.520	.511

Constant	71°	70°	69°	68°	67°	66°	65°	64°	63°	62°	61°	60°	59°	58°
0.41	0.458	0.450	0.442	0.435	0.427	0.420	0.414	0.407	0.400	0.393	0.387	0.380	0.374	0.368
.42	.469	.461	.453	.445	.437	.430	.424	.417	.410	.403	.396	.360	.383	.377
.43	.460	.472	.464	.463	.448	.441	.434	.426	.420	.412	.406	.399	.393	.386
.44	.491	.483	.475	.466	.458	.451	.444	.436	.429	.422	.415	.408	.402	.395
.45	.502	.494	.486	.477	.468	.461	.454	.446	.439	.432	.425	.418	.411	.404

Constant	56°	54°	52°	50°	48°	46°	44°	42°	40°	38°	36°	34°	32°	30°
0.41	0.356	0.344	0.332	0.320	0.308	0.297	0.286	0.275	0.264	0.253	0.241	0.230	0.219	0.208
.42	.365	.352	.340	.328	.316	.304	.293	.282	.270	.259	.247	.236	.224	.213
.43	.373	.360	.348	.335	.323	.311	.300	.289	.276	.265	.253	.241	.230	.218
.44	.382	.369	.356	.343	.331	.319	.307	.295	.283	.271	.259	.247	.235	.223
.45	.391	.377	.364	.351	.338	.326	.314	.302	.289	.277	.265	.252	.240	.228

Constant	28°	26°	24°	22°	20°	18°	17°	16°	15°	14°	13°	12°	11°	10°
0.41	0.196	0.185	0.173	0.161	0.148	0.136	0.129	0.123	0.116	0.109	0.103	0.096	0.089	0.082
.42	.201	.189	.177	.165	.152	.139	.132	.126	.119	.112	.105	.098	.091	.084
.43	.206	.194	.181	.169	.156	.143	.135	.129	.122	.115	.108	.101	.093	.086
.44	.211	.198	.185	.172	.159	.146	.139	.132	.124	.117	.110	.103	.095	.088
.45	.216	.203	.189	.176	.163	.149	.142	.135	.127	.120	.113	.105	.097	.090

Constant	9°	8°	7°	6°	5°	4°	3°	2°	1°	0°	359°	358°	357°	356°
0.41	0.074	0.067	0.059	0.051	0.043	0.035	0.027	0.018	0.009	0.000	0.000	0.018	0.029	0.039
.42	.076	.068	.060	.052	.044	.036	.027	.018	.010	.000	.010	.018	.029	.040
.43	.078	.070	.062	.054	.045	.037	.028	.019	.010	.000	.010	.019	.030	.041
.44	.080	.072	.063	.055	.046	.037	.029	.019	.010	.000	.010	.019	.031	.042
.45	.081	.073	.065	.056	.047	.038	.029	.020	.010	.000	.010	.020	.032	.043

Constant	355°	354°	353°	352°	351°	350°	349°	348°	347°	346°	345°	344°	343°	342°
0.41	0.050	0.060	0.072	0.081	0.095	0.108	0.121	0.135	0.149	0.164	0.180	0.197	0.214	0.232
.42	.051	.062	.074	.086	.098	.111	.124	.138	.153	.168	.184	.201	.219	.237
.43	.052	.063	.075	.088	.100	.113	.127	.141	.156	.172	.189	.206	.224	.243
.44	.053	.065	.077	.090	.102	.116	.130	.145	.160	.176	.193	.211	.229	.249
.45	.054	.066	.079	.092	.105	.119	.133	.148	.164	.180	.198	.216	.234	.254

Constant	341°	340°	339°	338°	337°	336°	335°	334°	333°	332°	331°	330°	329°	328°
0.41	0.251	0.271	0.293	0.316	0.340	0.366	0.394	0.423	0.455	0.489	0.528	0.570	0.611	0.661
.42	.257	.278	.300	.323	.349	.375	.404	.433	.466	.501	.541	.584	.629	.680
.43	.263	.285	.307	.331	.357	.384	.413	.444	.477	.513	.554	.598	.644	.697
.44	.269	.291	.314	.339	.365	.392	.423	.454	.488	.525	.567	.611	.659	.713
.45	.275	.298	.321	.346	.374	.401	.432	.464	.499	.537	.580	.625	.674	.729

Constant	327°	326°	325°	324°	323°	322°	321°	320°	319°	318°	317°	316°	315°	303°
0.41	0.718	0.779	0.837	0.924	1.012	1.113	1.230	1.367	1.532	1.733	1.982	2.301	2.724	3.347
.42	.735	.798	.868	.947	1.037	1.140	1.260	1.401	1.570	1.775	2.030	2.357	2.791	3.420
.43	.753	.817	.889	.969	1.062	1.167	1.290	1.434	1.607	1.817	2.079	2.414	2.857	3.511
.44	.770	.836	.910	.992	1.086	1.194	1.320	1.467	1.644	1.859	2.127	2.470	2.924	3.592
.45	.783	.855	.930	1.015	1.111	1.212	1.350	1.501	1.682	1.902	2.175	2.526	2.990	3.674

Constant	302°	301°	300°	299°	298°	297°	296°	295°	294°	293°	292°	291°	290°	289°
0.41	2.866	2.558	2.296	2.086	1.915	1.772	1.650	1.547	1.457	1.378	1.307	1.245	1.190	1.139
.42	2.966	2.620	2.382	2.137	1.961	1.815	1.691	1.585	1.492	1.411	1.339	1.271	1.219	1.166
.43	3.037	2.683	2.408	2.188	2.003	1.858	1.731	1.622	1.528	1.444	1.370	1.306	1.248	1.194
.44	3.108	2.745	2.464	2.239	2.055	1.902	1.771	1.660	1.563	1.478	1.403	1.336	1.277	1.222
.45	3.178	2.808	2.520	2.290	2.102	1.945	1.811	1.698	1.599	1.512	1.435	1.366	1.306	1.250

Constant	288°	287°	286°	285°	284°	283°	282°	281°	280°	279°	278°	277°	276°	275°
0.41	1.093	1.051	1.012	0.976	0.944	0.914	0.886	0.860	0.835	0.812	0.790	0.770	0.750	0.731
.42	1.119	1.076	1.037	1.000	0.967	0.937	.907	.881	.855	.832	.808	.789	.769	.749
.43	1.147	1.103	1.062	1.024	0.990	0.959	.929	.902	.875	.852	.829	.808	.787	.768
.44	1.172	1.128	1.086	1.048	1.013	0.981	.950	.923	.896	.872	.848	.826	.805	.785
.45	1.200	1.154	1.111	1.072	1.036	1.004	.972	.944	.916	.891	.867	.845	.824	.803

VALUES OF THE AZIMUTH CORRECTION, Aa.

Argument: Zenith Distance South.

Between 0° and 85° and between 275° and 303° the Correction has the same sign as the Constant; between 315° and 0° it has the opposite sign.

Constant	85°	84°	83°	82°	81°	80°	79°	78°	77°	76°	75°	74°	73°	72°
	s.	s.	s.	s.	s.	s.	s.	s.	s.	s.	s.	s.	s.	s.
0.46	0.662	0.649	0.635	0.624	0.614	0.602	0.589	0.580	0.570	0.561	0.548	0.541	0.532	0.523
.47	.677	.663	.649	.637	.627	.615	.602	.592	.583	.573	.560	.553	.543	.534
.48	.691	.677	.662	.651	.641	.629	.614	.605	.595	.586	.572	.565	.555	.546
.49	.706	.691	.676	.664	.654	.642	.627	.617	.608	.598	.584	.577	.567	.557
.50	.718	.704	.691	.678	.666	.654	.640	.630	.620	.608	.598	.588	.578	.568

	71°	70°	69°	68°	67°	66°	65°	64°	63°	62°	61°	60°	59°	58°
0.46	0.514	0.505	0.496	0.488	0.479	0.471	0.465	0.456	0.449	0.441	0.434	0.427	0.420	0.413
.47	.525	.516	.507	.498	.489	.481	.475	.466	.459	.451	.444	.436	.429	.422
.48	.536	.527	.518	.509	.500	.492	.485	.476	.468	.460	.453	.445	.438	.430
.49	.547	.538	.529	.519	.510	.502	.495	.486	.478	.470	.463	.455	.447	.439
.50	.558	.549	.540	.530	.520	.512	.505	.496	.488	.480	.472	.464	.456	.448

	56°	54°	52°	50°	48°	46°	44°	42°	40°	38°	36°	34°	32°	30°
0.46	0.399	0.385	0.372	0.359	0.346	0.333	0.321	0.309	0.296	0.283	0.270	0.258	0.246	0.233
.47	.408	.394	.380	.367	.353	.340	.328	.315	.302	.290	.276	.264	.251	.238
.48	.417	.402	.388	.374	.361	.348	.335	.322	.309	.296	.282	.269	.256	.243
.49	.425	.411	.396	.382	.368	.355	.342	.329	.315	.302	.288	.275	.262	.248
.50	.434	.419	.404	.390	.377	.362	.349	.336	.322	.308	.294	.280	.267	.254

	28°	26°	24°	22°	20°	18°	17°	16°	15°	14°	13°	12°	11°	10°
0.46	0.220	0.207	0.194	0.180	0.166	0.152	0.145	0.138	0.130	0.123	0.115	0.108	0.099	0.092
.47	.225	.212	.198	.184	.170	.156	.148	.141	.133	.125	.118	.110	.101	.094
.48	.230	.216	.202	.188	.174	.159	.151	.144	.136	.128	.120	.112	.104	.096
.49	.235	.221	.206	.192	.177	.162	.154	.147	.139	.131	.123	.115	.106	.098
.50	.240	.226	.210	.196	.181	.166	.158	.150	.142	.134	.126	.117	.108	.100

	9°	8°	7°	6°	5°	4°	3°	2°	1°	0°	359°	358°	357°	356°
0.46	0.083	0.075	0.066	0.058	0.048	0.039	0.030	0.020	0.011	0.000	0.011	0.020	0.032	0.044
.47	.085	.077	.068	.059	.049	.040	.031	.021	.011	.000	.011	.021	.033	.045
.48	.087	.078	.069	.060	.050	.041	.031	.021	.011	.000	.011	.021	.034	.046
.49	.089	.080	.071	.061	.051	.042	.032	.022	.011	.000	.011	.022	.034	.047
.50	.090	.082	.072	.062	.052	.043	.033	.022	.011	.000	.011	.022	.035	.048

	355°	354°	353°	352°	351°	350°	349°	348°	347°	346°	345°	344°	343°	342°
0.46	0.056	0.068	0.080	0.094	0.107	0.121	0.136	0.151	0.167	0.184	0.202	0.220	0.240	0.260
.47	.057	.069	.082	.096	.109	.124	.139	.155	.171	.188	.206	.225	.245	.266
.48	.058	.071	.084	.098	.112	.127	.142	.158	.175	.192	.211	.230	.250	.271
.49	.059	.072	.086	.100	.114	.129	.145	.161	.178	.196	.215	.235	.255	.277
.50	.060	.074	.088	.102	.116	.132	.148	.164	.182	.200	.220	.240	.260	.282

	341°	340°	339°	338°	337°	336°	335°	334°	333°	332°	331°	330°	329°	328°
0.46	0.282	0.304	0.328	0.354	0.382	0.410	0.442	0.475	0.511	0.549	0.593	0.639	0.689	0.745
.47	.288	.311	.336	.362	.390	.419	.452	.485	.522	.561	.606	.653	.704	.761
.48	.294	.318	.343	.370	.398	.428	.461	.495	.533	.573	.619	.667	.719	.778
.49	.300	.324	.350	.377	.407	.437	.471	.506	.544	.585	.632	.681	.734	.794
.50	.306	.331	.357	.385	.415	.446	.480	.517	.555	.597	.645	.695	.749	.810

	327°	326°	325°	324°	323°	322°	321°	320°	319°	318°	317°	316°	315°	303°
0.46	0.805	0.874	0.952	1.040	1.136	1.249	1.380	1.534	1.719	1.944	2.221	2.582	3.057	3.755
.47	.823	.893	.973	1.060	1.160	1.276	1.410	1.567	1.756	1.986	2.272	2.638	3.123	3.837
.48	.840	.912	.993	1.082	1.185	1.302	1.440	1.601	1.794	2.028	2.320	2.694	3.190	3.919
.49	.858	.931	1.013	1.105	1.210	1.330	1.470	1.634	1.831	2.071	2.369	2.750	3.256	4.000
.50	.876	.950	1.034	1.128	1.234	1.358	1.500	1.668	1.868	2.113	2.417	2.806	3.322	4.082

	302°	301°	300°	299°	298°	297°	296°	295°	294°	293°	292°	291°	290°	289°
0.46	3.249	2.870	2.576	2.340	2.148	1.988	1.852	1.736	1.634	1.545	1.467	1.396	1.334	1.277
.47	3.320	2.932	2.632	2.391	2.195	2.031	1.892	1.778	1.670	1.579	1.498	1.428	1.363	1.305
.48	3.390	2.995	2.688	2.442	2.242	2.075	1.932	1.811	1.705	1.612	1.530	1.458	1.392	1.333
.49	3.461	3.057	2.744	2.493	2.288	2.118	1.972	1.849	1.741	1.646	1.562	1.488	1.421	1.361
.50	3.532	3.120	2.800	2.544	2.335	2.161	2.012	1.886	1.776	1.680	1.594	1.518	1.450	1.388

	288°	287°	286°	285°	284°	283°	282°	281°	280°	279°	278°	277°	276°	275°
0.46	1.225	1.179	1.127	1.095	1.053	1.026	0.994	0.965	0.938	0.911	0.886	0.865	0.842	0.821
.47	1.252	1.205	1.160	1.120	1.081	1.048	1.015	0.985	0.957	0.931	0.906	0.883	0.860	0.839
.48	1.280	1.231	1.185	1.143	1.104	1.070	1.037	1.006	0.977	0.951	0.925	0.901	0.878	0.857
.49	1.306	1.256	1.210	1.167	1.127	1.093	1.058	1.028	0.998	0.971	0.944	0.920	0.897	0.875
.50	1.333	1.282	1.234	1.191	1.150	1.115	1.080	1.048	1.018	0.990	0.964	0.939	0.915	0.893

TABLE II.

LEVEL.

VALUES OF THE LEVEL CORRECTION, Bb.

Argument: Zenith Distance South.

Between 315° and 85° the Correction has the same sign as the Constant; between 275° and 303° it has the opposite sign. For reflection observations the sign is reversed.

Constant	85°	84°	83°	82°	81°	80°	79°	78°	77°	76°	75°	74°	73°	72°
s.	s.	s.	s.	s.	s.	s.	s.	s.	s.	s.	s.	s.	s.	s.
0.01	0.001	0.001	0.002	0.002	0.002	0.002	0.002	0.003	0.003	0.003	0.003	0.003	0.004	0.004
.02	.002	.003	.003	.004	.004	.005	.005	.005	.006	.006	.006	.007	.007	.007
.03	.004	.005	.005	.006	.006	.007	.007	.008	.009	.009	.010	.010	.011	.011
.04	.005	.006	.007	.008	.008	.009	.010	.011	.011	.012	.013	.013	.014	.015
.05	.006	.007	.008	.009	.010	.012	.012	.013	.014	.015	.016	.017	.018	.018

Constant	71°	70°	69°	68°	67°	66°	65°	64°	63°	62°	61°	60°	59°	58°
0.01	0.004	0.004	0.004	0.004	0.004	0.005	0.005	0.005	0.005	0.005	0.005	0.005	0.005	0.006
.02	.008	.008	.008	.009	.009	.009	.009	.010	.010	.010	.010	.011	.011	.011
.03	.011	.012	.012	.013	.013	.014	.014	.014	.015	.015	.016	.016	.016	.017
.04	.015	.016	.016	.017	.018	.018	.019	.019	.020	.020	.021	.022	.022	.023
.05	.019	.020	.021	.021	.022	.023	.024	.024	.025	.026	.026	.027	.027	.028

Constant	56°	54°	52°	50°	48°	46°	44°	42°	40°	38°	36°	34°	32°	30°
0.01	0.006	0.006	0.006	0.007	0.007	0.007	0.007	0.007	0.008	0.008	0.008	0.008	0.008	0.009
.02	.012	.012	.013	.013	.014	.014	.014	.015	.015	.016	.016	.017	.017	.017
.03	.018	.018	.019	.020	.020	.021	.022	.022	.023	.024	.024	.025	.026	.026
.04	.023	.024	.025	.026	.027	.028	.029	.030	.031	.032	.032	.033	.034	.035
.05	.029	.030	.032	.033	.034	.035	.036	.037	.038	.039	.040	.042	.043	.044

Constant	28°	26°	24°	22°	20°	18°	17°	16°	15°	14°	13°	12°	11°	10°
0.01	0.009	0.009	0.009	0.010	0.010	0.010	0.010	0.010	0.011	0.011	0.011	0.011	0.011	0.011
.02	.018	.018	.019	.019	.020	.020	.021	.021	.021	.021	.022	.022	.022	.023
.03	.027	.028	.028	.029	.030	.031	.031	.031	.032	.032	.033	.033	.033	.034
.04	.036	.037	.038	.039	.040	.041	.041	.042	.042	.043	.043	.044	.045	.045
.05	.045	.046	.047	.048	.050	.051	.052	.052	.053	.053	.054	.055	.056	.056

Constant	9°	8°	7°	6°	5°	4°	3°	2°	1°	0°	359°	358°	357°	356°
0.01	0.011	0.011	0.012	0.012	0.012	0.012	0.012	0.013	0.013	0.013	0.013	0.013	0.013	0.014
.02	.023	.023	.023	.024	.024	.024	.025	.025	.025	.026	.026	.026	.027	.027
.03	.034	.035	.035	.036	.036	.037	.037	.038	.038	.039	.039	.039	.040	.041
.04	.046	.046	.047	.047	.048	.049	.049	.050	.051	.052	.052	.052	.053	.055
.05	.057	.058	.058	.059	.060	.060	.062	.062	.063	.064	.065	.066	.066	.068

Constant	355°	354°	353°	352°	351°	350°	349°	348°	347°	346°	345°	344°	343°
0.01	0.014	0.014	0.014	0.014	0.015	0.015	0.015	0.015	0.016	0.016	0.016	0.017	0.017
.02	.027	.028	.028	.029	.029	.030	.030	.031	.032	.032	.033	.033	.035
.03	.042	.042	.043	.044	.044	.045	.046	.047	.048	.048	.049	.050	.052
.04	.055	.056	.057	.058	.059	.060	.061	.062	.063	.064	.066	.067	.070
.05	.069	.070	.071	.072	.074	.075	.076	.078	.079	.080	.082	.083	.087

Constant	341°	340°	339°	338°	337°	336°	335°	334°	333°	332°	331°	330°	329°	328°
0.01	0.018	0.018	.019	.019	.020	.020	.021	.021	.022	0.022	.023	.024	.025	.026
.02	.036	.036	.037	.038	.039	.040	.041	.042	.044	.045	.046	.048	.050	.052
.03	.054	.055	.056	.057	.059	.060	.062	.064	.066	.068	.070	.072	.075	.078
.04	.071	.073	.075	.076	.078	.080	.082	.084	.087	.090	.093	.096	.100	.104
.05	.089	.091	.093	.095	.098	.100	.103	.106	.109	.112	.116	.120	.125	.130

Constant	327°	326°	325°	324°	323°	322°	321°	320°	319°	318°	317°	316°	315°	303°
0.01	0.027	0.028	.030	.031	.033	.035	.037	.040	.043	.047	.052	.058	.066	.053
.02	.054	.056	.059	.062	.066	.070	.074	.080	.086	.094	.104	.117	.134	.107
.03	.081	.085	.089	.093	.099	.104	.112	.120	.129	.141	.156	.175	.200	.160
.04	.108	.113	.118	.124	.131	.139	.149	.160	.172	.188	.208	.232	.267	.213
.05	.135	.141	.148	.155	.164	.174	.185	.199	.215	.235	.260	.291	.332	.265

Constant	302°	301°	300°	299°	298°	297°	296°	295°	294°	293°	292°	291°	290°	289°
0.01	0.044	0.037	0.032	0.028	0.025	0.022	0.020	0.018	0.016	0.014	0.013	0.012	0.011	0.010
.02	.089	.075	.065	.056	.050	.044	.039	.035	.032	.029	.026	.023	.021	.019
.03	.133	.113	.097	.085	.075	.066	.059	.053	.047	.043	.039	.035	.032	.029
.04	.177	.150	.130	.113	.100	.088	.079	.071	.063	.057	.052	.047	.042	.038
.05	.221	.188	.162	.141	.124	.110	.098	.088	.079	.071	.064	.058	.053	.048

Constant	288°	287°	286°	285°	284°	283°	282°	281°	280°	279°	278°	277°	276°	275°
0.01	0.009	0.008	0.007	0.006	0.006	0.005	0.005	0.004	0.004	0.003	0.003	0.002	0.002	0.002
.02	.017	.016	.015	.013	.011	.010	.009	.008	.007	.006	.005	.005	.004	.003
.03	.026	.023	.021	.019	.017	.014	.012	.011	.010	.009	.008	.006	.005	.005
.04	.035	.031	.028	.026	.023	.021	.018	.016	.014	.012	.011	.009	.007	.005
.05	.043	.039	.035	.032	.029	.026	.023	.020	.018	.016	.014	.012	.010	.008

VALUES OF THE LEVEL CORRECTION, Bb.

Argument: Zenith Distance South.

Between 315° and 85° the Correction has the same sign as the Constant; between 275° and 303° it has the opposite sign. For reflection observations the sign is reversed.

Constant	85°	84°	83°	82°	81°	80°	79°	78°	77°	76°	75°	74°	73°	72°
0.06	0.008	0.009	0.010	0.011	0.013	0.014	0.015	0.016	0.017	0.018	0.019	0.020	0.021	0.022
.07	.009	.010	.012	.013	.015	.016	.018	.019	.020	.021	.022	.024	.025	.026
.08	.010	.012	.014	.015	.017	.018	.020	.022	.023	.024	.026	.027	.028	.030
.09	.011	.013	.015	.017	.019	.021	.022	.024	.026	.027	.029	.030	.032	.033
.10	.013	.015	.017	.019	.021	.023	.025	.027	.029	.030	.032	.034	.035	.037

Constant	71°	70°	69°	68°	67°	66°	65°	64°	63°	62°	61°	60°	59°	58°
0.06	0.023	0.024	0.025	0.026	0.027	0.028	0.028	0.029	0.030	0.031	0.031	0.032	0.033	0.034
.07	.027	.028	.029	.030	.031	.032	.033	.034	.035	.036	.036	.037	.038	.039
.08	.031	.032	.033	.034	.035	.036	.038	.039	.040	.041	.042	.043	.044	.045
.09	.035	.036	.037	.039	.040	.041	.042	.044	.045	.046	.047	.048	.049	.051
.10	.038	.040	.041	.043	.044	.046	.047	.048	.050	.051	.052	.054	.055	.056

Constant	56°	54°	52°	50°	48°	46°	44°	42°	40°	38°	36°	34°	32°	30°
0.06	0.035	0.036	0.038	0.040	0.041	0.042	0.043	0.044	0.046	0.047	0.049	0.050	0.051	0.053
.07	.041	.043	.044	.046	.048	.049	.050	.052	.053	.055	.057	.058	.060	.061
.08	.047	.049	.051	.052	.054	.056	.058	.060	.062	.063	.065	.067	.068	.070
.09	.053	.055	.057	.059	.061	.063	.065	.067	.069	.071	.073	.075	.077	.079
.10	.058	.061	.063	.066	.068	.070	.072	.074	.077	.079	.081	.083	.085	.088

Constant	28°	26°	24°	22°	20°	18°	17°	16°	15°	14°	13°	12°	11°	10°
0.06	0.054	0.055	0.057	0.058	0.059	0.061	0.062	0.063	0.064	0.064	0.065	0.066	0.067	0.068
.07	.063	.064	.066	.068	.069	.071	.072	.073	.074	.075	.076	.077	.078	.079
.08	.072	.074	.076	.078	.079	.082	.083	.084	.085	.086	.087	.088	.089	.090
.09	.081	.083	.085	.087	.089	.092	.093	.094	.095	.096	.097	.099	.100	.101
.10	.090	.092	.094	.097	.099	.102	.103	.104	.106	.107	.108	.110	.111	.112

Constant	9°	8°	7°	6°	5°	4°	3°	2°	1°	0°	359°	358°	357°	356°
0.06	0.069	0.069	0.070	0.071	0.072	0.073	0.074	0.075	0.076	0.077	0.078	0.079	0.080	0.082
.07	.080	.081	.082	.083	.084	.085	.086	.088	.089	.090	.091	.093	.094	.095
.08	.091	.092	.094	.095	.096	.098	.099	.100	.102	.103	.104	.106	.107	.109
.09	.103	.104	.105	.106	.108	.109	.111	.113	.114	.116	.117	.119	.120	.122
.10	.114	.115	.117	.118	.120	.122	.123	.125	.127	.129	.130	.132	.134	.136

Constant	355°	354°	353°	352°	351°	350°	349°	348°	347°	346°	345°	344°	343°	342°
0.06	0.083	0.084	0.085	0.087	0.088	0.090	0.091	0.093	0.095	0.097	0.099	0.100	0.102	0.105
.07	.097	.098	.100	.102	.103	.105	.107	.109	.111	.113	.115	.117	.120	.122
.08	.110	.112	.114	.116	.118	.120	.122	.124	.126	.129	.131	.134	.137	.139
.09	.124	.126	.129	.131	.133	.135	.137	.140	.142	.145	.148	.151	.154	.157
.10	.138	.140	.143	.145	.147	.150	.152	.155	.158	.161	.164	.167	.171	.174

Constant	341°	340°	339°	338°	337°	336°	335°	334°	333°	332°	331°	330°	329°	328°
0.06	0.107	0.109	0.112	0.115	0.117	0.120	0.124	0.127	0.131	0.135	0.139	0.144	0.150	0.156
.07	.125	.128	.130	.134	.137	.140	.144	.149	.153	.158	.163	.168	.175	.182
.08	.142	.146	.149	.153	.157	.160	.165	.170	.175	.180	.186	.192	.200	.207
.09	.160	.164	.168	.172	.176	.180	.186	.191	.197	.203	.209	.216	.224	.233
.10	.178	.182	.186	.191	.195	.200	.206	.212	.218	.225	.232	.240	.249	.259

Constant	327°	326°	325°	324°	323°	322°	321°	320°	319°	318°	317°	316°	315°	303°
0.06	0.162	0.169	0.177	0.186	0.197	0.209	0.222	0.239	0.258	0.282	0.312	0.349	0.399	0.319
.07	.189	.198	.207	.217	.230	.244	.260	.279	.301	.329	.363	.407	.466	.372
.08	.216	.226	.237	.248	.262	.278	.297	.318	.344	.376	.415	.465	.532	.424
.09	.243	.254	.266	.279	.295	.313	.334	.358	.387	.423	.467	.524	.599	.477
.10	.270	.282	.295	.310	.328	.348	.371	.398	.430	.470	.519	.582	.665	.530

Constant	302°	301°	300°	299°	298°	297°	296°	295°	294°	293°	292°	291°	290°	289°
0.06	0.266	0.225	0.194	0.169	0.149	0.132	0.115	0.106	0.095	0.086	0.077	0.070	0.064	0.057
.07	.310	.263	.227	.198	.174	.154	.138	.123	.111	.100	.090	.082	.074	.067
.08	.353	.300	.259	.226	.199	.176	.157	.140	.127	.114	.103	.094	.085	.076
.09	.398	.338	.291	.254	.224	.198	.177	.159	.142	.129	.116	.105	.095	.086
.10	.442	.375	.324	.282	.249	.220	.196	.176	.158	.143	.129	.117	.106	.095

Constant	288°	287°	286°	285°	284°	283°	282°	281°	280°	279°	278°	277°	276°	275°
0.06	0.052	0.047	0.043	0.038	0.034	0.031	0.028	0.024	0.022	0.019	0.016	0.014	0.012	0.009
.07	.061	.055	.050	.045	.040	.036	.032	.028	.025	.022	.019	.016	.013	.011
.08	.070	.063	.057	.051	.046	.041	.037	.032	.029	.025	.022	.018	.015	.012
.09	.078	.070	.064	.058	.051	.046	.041	.037	.032	.028	.024	.020	.017	.014
.10	.087	.078	.071	.064	.057	.052	.046	.041	.036	.031	.027	.023	.019	.016

VALUES OF THE LEVEL CORRECTION, *Bb.*

Constants.	Argument: Zenith Distance South.	Between 315° and 85° the Correction has the same sign as the Constant; between 275° and 303° it has the opposite sign. For reflection observations the sign is reversed,

	85°	84°	83°	82°	81°	80°	79°	78°	77°	76°	75°	74°	73°	72°
s.	s.	s.	s.	s.	s.	s.	s.	s.	s.	s.	s.	s.	s.	s.
0.11	0.014	0.016	0.019	0.021	0.023	0.025	0.027	0.029	0.031	0.033	0.035	0.037	0.039	0.041
.12	.015	.018	.020	.023	.025	.028	.030	.032	.034	.036	.039	.040	.042	.044
.13	.016	.019	.022	.025	.027	.030	.032	.035	.037	.039	.042	.044	.046	.048
.14	.018	.021	.024	.027	.029	.032	.035	.037	.040	.042	.045	.047	.049	.052
.15	.019	.022	.025	.029	.031	.034	.037	.040	.043	.045	.048	.050	.053	.055

	71°	70°	69°	68°	67°	66°	65°	64°	63°	62°	61°	60°	59°	58°
0.11	0.042	0.044	0.046	0.047	0.049	0.050	0.052	0.053	0.055	0.056	0.058	0.059	0.060	0.062
.12	.046	.048	.050	.051	.053	.055	.056	.058	.060	.061	.063	.064	.066	.067
.13	.050	.052	.054	.056	.058	.059	.061	.063	.065	.066	.068	.070	.071	.073
.14	.054	.056	.058	.060	.062	.064	.066	.068	.070	.071	.073	.075	.077	.079
.15	.058	.060	.062	.064	.066	.068	.070	.073	.075	.076	.078	.080	.082	.084

	56°	54°	52°	50°	48°	46°	44°	42°	40°	38°	36°	34°	32°	30°
0.11	0.064	0.067	0.070	0.072	0.075	0.077	0.079	0.082	0.084	0.087	0.089	0.092	0.094	0.096
.12	.070	.073	.076	.079	.081	.084	.087	.089	.092	.095	.097	.100	.102	.105
.13	.076	.079	.082	.085	.088	.091	.094	.097	.100	.102	.105	.108	.111	.114
.14	.082	.085	.088	.092	.095	.098	.101	.104	.107	.110	.113	.116	.120	.123
.15	.088	.091	.095	.098	.102	.105	.108	.112	.115	.118	.122	.125	.128	.131

	28°	26°	24°	22°	20°	18°	17°	16°	15°	14°	13°	12°	11°	10°
0.11	0.099	0.101	0.104	0.107	0.109	0.112	0.113	0.115	0.116	0.118	0.119	0.121	0.122	0.124
.12	.108	.111	.113	.116	.119	.122	.124	.125	.127	.128	.130	.132	.133	.135
.13	.117	.120	.123	.126	.129	.132	.134	.136	.137	.139	.141	.143	.144	.146
.14	.126	.129	.132	.136	.139	.143	.144	.146	.148	.150	.152	.154	.155	.157
.15	.135	.138	.142	.145	.149	.153	.154	.157	.158	.160	.163	.165	.166	.169

	9°	8°	7°	6°	5°	4°	3°	2°	1°	0°	359°	358°	357°	356°
0.11	0.125	0.127	0.129	0.130	0.132	0.134	0.136	0.138	0.139	0.141	0.143	0.145	0.147	0.150
.12	.137	.138	.140	.142	.144	.146	.148	.150	.152	.154	.156	.159	.161	.163
.13	.148	.150	.152	.154	.156	.158	.160	.162	.164	.167	.169	.172	.174	.177
.14	.160	.161	.164	.166	.168	.170	.173	.175	.177	.180	.182	.185	.188	.191
.15	.171	.173	.176	.178	.180	.182	.185	.188	.190	.193	.196	.198	.201	.204

	355°	354°	353°	352°	351°	350°	349°	348°	347°	346°	345°	344°	343°	342°
0.11	0.152	0.154	0.157	0.159	0.162	0.165	0.168	0.171	0.174	0.177	0.180	0.184	0.188	0.192
.12	.166	.168	.171	.174	.177	.180	.183	.186	.190	.193	.197	.201	.205	.209
.13	.179	.182	.185	.188	.191	.195	.198	.202	.205	.209	.213	.217	.222	.226
.14	.193	.196	.200	.203	.206	.210	.213	.217	.221	.225	.229	.234	.239	.244
.15	.207	.210	.214	.217	.221	.225	.229	.232	.237	.241	.246	.251	.256	.261

	341°	340°	339°	338°	337°	336°	335°	334°	333°	332°	331°	330°	329°	328°
0.11	0.196	0.200	0.205	0.210	0.215	0.221	0.227	0.233	0.240	0.246	0.256	0.265	0.274	0.285
.12	.214	.218	.223	.229	.234	.241	.247	.254	.262	.270	.279	.289	.299	.311
.13	.231	.236	.242	.248	.254	.261	.268	.275	.283	.292	.302	.313	.324	.337
.14	.249	.255	.260	.267	.274	.281	.288	.296	.305	.315	.325	.337	.349	.363
.15	.267	.273	.279	.286	.293	.301	.309	.318	.327	.338	.349	.361	.374	.389

	327°	326°	325°	324°	323°	322°	321°	320°	319°	318°	317°	316°	315°	303°
0.11	0.297	0.310	0.325	0.341	0.361	0.382	0.408	0.438	0.473	0.516	0.571	0.640	0.731	0.581
.12	.324	.338	.354	.372	.393	.417	.445	.478	.516	.563	.622	.698	.798	.637
.13	.351	.367	.384	.403	.426	.452	.482	.517	.559	.610	.674	.756	.864	.690
.14	.378	.395	.413	.434	.459	.486	.519	.557	.602	.657	.726	.814	.931	.743
.15	.405	.423	.443	.465	.492	.521	.556	.597	.645	.704	.778	.872	.997	.796

	302°	301°	300°	299°	298°	297°	296°	295°	294°	293°	292°	291°	290°	289°
0.11	0.466	0.412	0.355	0.310	0.273	0.242	0.216	0.194	0.174	0.157	0.142	0.128	0.116	0.105
.12	.530	.450	.397	.338	.298	.264	.236	.211	.190	.171	.155	.140	.127	.115
.13	.574	.487	.419	.367	.323	.286	.256	.229	.206	.185	.168	.152	.137	.124
.14	.618	.525	.452	.395	.348	.309	.276	.246	.222	.200	.181	.163	.148	.134
.15	.662	.562	.484	.423	.373	.331	.295	.264	.237	.214	.194	.175	.159	.144

	288°	287°	286°	285°	284°	283°	282°	281°	280°	279°	278°	277°	276°	275°
0.11	0.095	0.086	0.078	0.070	0.063	0.057	0.051	0.045	0.039	0.035	0.030	0.025	0.021	0.017
.12	.104	.094	.085	.077	.069	.060	.055	.049	.043	.038	.033	.028	.023	.019
.13	.113	.102	.092	.083	.075	.067	.060	.053	.047	.041	.035	.030	.025	.020
.14	.121	.110	.099	.089	.080	.075	.064	.057	.050	.044	.038	.032	.027	.022
.15	.130	.118	.106	.096	.086	.077	.069	.061	.054	.047	.041	.035	.029	.023

VALUES OF THE LEVEL CORRECTION, Bb.

Argument: Zenith Distance South.

Between 315° and 85° the Correction has the same sign as the Constant; between 275° and 303° It has the opposite sign. For reflection observations the sign is reversed.

Constant.	85°	84°	83°	82°	81°	80°	79°	78°	77°	76°	75°	74°	73°	72°
s. 0.16	0,020	0,024	0,027	0,030	0,034	0,037	0,040	0,043	0,046	0,048	0,051	0,054	0,056	0,059
.17	,021	,025	,029	,032	,036	,039	,042	,045	,049	,051	,054	,057	,060	,063
.18	,023	,027	,030	,034	,038	,041	,045	,048	,052	,055	,058	,061	,063	,066
.19	,024	,028	,032	,036	,040	,044	,047	,051	,054	,058	,061	,064	,067	,070
.20	,025	,030	,034	,038	,042	,046	,050	,053	,057	,061	,064	,067	,071	,074

Constant.	71°	70°	69°	68°	67°	66°	65°	64°	63°	62°	61°	60°	59°	58°
0.16	0,061	0,064	0,066	0,069	0,071	0,072	0,075	0,077	0,080	0,081	0,084	0,086	0,088	0,090
.17	,065	,068	,070	,073	,075	,077	,060	,082	,085	,087	,089	,091	,093	,095
.18	,069	,072	,074	,077	,080	,082	,085	,087	,089	,092	,094	,096	,099	,101
.19	,073	,076	,079	,082	,084	,087	,089	,092	,094	,097	,099	,102	,104	,107
.20	,077	,080	,083	,086	,089	,091	,094	,097	,099	,102	,105	,107	,110	,112

Constant.	56°	54°	52°	50°	48°	46°	44°	42°	40°	38°	36°	34°	32°	30°
0.16	0,094	0,097	0,101	0,105	0,108	0,112	0,116	0,119	0,123	0,126	0,130	0,133	0,137	0,140
.17	,099	,103	,107	,111	,115	,119	,123	,126	,130	,134	,138	,141	,145	,149
.18	,105	,109	,114	,118	,122	,126	,130	,134	,138	,142	,146	,150	,154	,158
.19	,111	,116	,120	,124	,129	,133	,137	,141	,146	,150	,154	,158	,162	,166
.20	,117	,122	,126	,131	,136	,140	,144	,149	,153	,158	,162	,166	,171	,175

Constant.	28°	26°	24°	22°	20°	18°	17°	16°	15°	14°	13°	12°	11°	10°
0.16	0,144	0,148	0,151	0,155	0,159	0,163	0,165	0,167	0,169	0,171	0,174	0,175	0,178	0,180
.17	,153	,157	,161	,165	,169	,173	,175	,177	,179	,182	,184	,186	,189	,191
.18	,162	,166	,170	,174	,179	,183	,185	,188	,190	,193	,195	,197	,200	,202
.19	,171	,175	,180	,184	,189	,194	,196	,198	,200	,203	,206	,208	,211	,214
.20	,180	,184	,189	,194	,199	,204	,206	,209	,211	,214	,217	,219	,222	,225

Constant.	9°	8°	7°	6°	5°	4°	3°	2°	1°	0°	359°	358°	357°	356°
0.16	0,182	0,185	0,187	0,189	0,192	0,195	0,197	0,200	0,203	0,205	0,209	0,212	0,214	0,218
.17	,194	,196	,199	,201	,204	,207	,210	,212	,215	,218	,222	,225	,228	,231
.18	,205	,208	,211	,213	,216	,219	,222	,225	,228	,231	,235	,238	,241	,245
.19	,217	,219	,222	,225	,228	,231	,234	,238	,240	,244	,248	,251	,255	,259
.20	,228	,231	,234	,237	,240	,243	,247	,250	,253	,257	,261	,264	,268	,272

Constant.	355°	354°	353°	352°	351°	350°	349°	348°	347°	346°	345°	344°	343°	342°
0.16	0,221	0,224	0,228	0,232	0,236	0,240	0,244	0,248	0,253	0,257	0,262	0,265	0,273	0,279
.17	,235	,239	,242	,246	,250	,255	,259	,264	,269	,273	,279	,284	,290	,296
.18	,249	,253	,257	,261	,265	,270	,274	,279	,284	,289	,295	,301	,307	,313
.19	,263	,267	,271	,275	,280	,285	,290	,294	,300	,306	,311	,318	,324	,331
.20	,277	,281	,285	,290	,295	,300	,305	,310	,316	,322	,328	,334	,341	,348

Constant.	341°	340°	339°	338°	337°	336°	335°	334°	333°	332°	331°	330°	329°	328°
0.16	0,285	0,291	0,298	0,306	0,313	0,321	0,330	0,339	0,349	0,360	0,372	0,385	0,399	0,415
.17	,302	,309	,316	,325	,332	,341	,350	,360	,371	,382	,395	,409	,424	,440
.18	,320	,328	,335	,344	,352	,361	,371	,381	,393	,405	,418	,433	,449	,466
.19	,338	,346	,353	,362	,371	,381	,391	,402	,414	,427	,442	,457	,474	,492
.20	,356	,364	,372	,382	,391	,401	,412	,424	,436	,450	,465	,481	,499	,518

Constant.	327°	326°	325°	324°	323°	322°	321°	320°	319°	318°	317°	316°	315°	303°
0.16	0,432	0,451	0,472	0,496	0,524	0,556	0,593	0,636	0,688	0,751	0,830	0,931	1,064	0,849
.17	,459	,479	,502	,528	,557	,590	,630	,676	,731	,798	,882	,989	1,130	0,902
.18	,486	,508	,531	,559	,590	,625	,667	,716	,774	,845	,934	1,047	1,197	0,955
.19	,513	,536	,561	,590	,623	,660	,704	,756	,817	,892	,986	1,105	1,263	1,008
.20	,540	,564	,590	,621	,656	,695	,741	,796	,860	,939	1,037	1,163	1,330	1,061

Constant.	302°	301°	300°	299°	298°	297°	296°	295°	294°	293°	292°	291°	290°	289°
0.16	0,707	0,600	0,516	0,452	0,397	0,353	0,315	0,282	0,253	0,228	0,206	0,187	0,169	0,153
.17	,751	,637	,518	,480	,422	,375	,335	,299	,269	,242	,219	,198	,180	,163
.18	,795	,675	,581	,508	,447	,397	,354	,317	,285	,257	,232	,210	,190	,172
.19	,839	,712	,613	,536	,472	,419	,374	,334	,301	,271	,245	,222	,201	,182
.20	,883	,750	,645	,564	,497	,441	,394	,352	,317	,285	,258	,233	,211	,191

Constant.	288°	287°	286°	285°	284°	283°	282°	281°	280°	279°	278°	277°	276°	275°
0.16	0,139	0,125	0,113	0,102	0,092	0,082	0,074	0,065	0,057	0,050	0,043	0,037	0,031	0,025
.17	,147	,133	,120	,109	,098	,088	,078	,069	,061	,053	,046	,039	,033	,027
.18	,156	,141	,127	,115	,103	,093	,083	,073	,065	,057	,049	,042	,035	,028
.19	,165	,149	,135	,121	,109	,098	,087	,077	,068	,060	,051	,044	,037	,030
.20	,173	,157	,142	,128	,115	,103	,092	,081	,072	,063	,054	,046	,039	,031

VALUES OF THE LEVEL CORRECTION, Bb.

Argument: Zenith Distance South.

Between 315° and 85° the Correction has the same sign as the Constant; between 275° and 305° it has the opposite sign. For reflection observations the sign is reversed.

Constant	85°	84°	83°	82°	81°	80°	79°	78°	77°	76°	75°	74°	73°	72°
	s.	s.	s.	s.	s.	s.	s.	s.	s.	s.	s.	s.	s.	s.
0.21	0.026	0.031	0.035	0.040	0.044	0.048	0.052	0.056	0.060	0.064	0.067	0.071	0.074	0.077
.22	.028	.033	.037	.042	.046	.051	.055	.059	.063	.067	.071	.074	.078	.081
.23	.029	.034	.039	.044	.048	.053	.057	.061	.066	.070	.074	.078	.081	.085
.24	.030	.036	.041	.046	.050	.055	.060	.064	.069	.073	.077	.081	.085	.089
.25	.032	.037	.042	.048	.052	.058	.062	.067	.072	.076	.080	.084	.088	.092

Constant	71°	70°	69°	68°	67°	66°	65°	64°	63°	62°	61°	60°	59°	58°
0.21	0.081	0.084	0.087	0.090	0.093	0.096	0.099	0.102	0.104	0.107	0.110	0.113	0.115	0.118
.22	.084	.088	.091	.094	.097	.100	.103	.106	.109	.112	.115	.118	.121	.123
.23	.088	.092	.095	.099	.102	.105	.108	.111	.114	.117	.120	.123	.126	.129
.24	.092	.096	.099	.103	.106	.109	.113	.116	.119	.122	.126	.129	.132	.135
.25	.096	.100	.103	.107	.111	.114	.118	.121	.124	.127	.131	.134	.137	.140

Constant	56°	54°	52°	50°	48°	46°	44°	42°	40°	38°	36°	34°	32°	30°
0.21	0.123	0.128	0.133	0.138	0.142	0.147	0.152	0.156	0.161	0.165	0.170	0.175	0.179	0.184
.22	.129	.134	.139	.144	.149	.154	.159	.164	.169	.173	.178	.183	.188	.193
.23	.135	.140	.145	.151	.156	.161	.166	.171	.176	.181	.186	.191	.196	.201
.24	.140	.146	.152	.157	.163	.168	.173	.179	.184	.189	.194	.200	.205	.210
.25	.146	.152	.158	.164	.170	.175	.181	.186	.192	.197	.202	.208	.214	.219

Constant	28°	26°	24°	22°	20°	18°	17°	16°	15°	14°	13°	12°	11°	10°
0.21	0.189	0.194	0.198	0.203	0.209	0.214	0.216	0.219	0.221	0.225	0.228	0.230	0.233	0.236
.22	.198	.203	.208	.213	.218	.224	.227	.230	.232	.235	.239	.241	.244	.247
.23	.207	.212	.217	.223	.228	.234	.237	.240	.243	.246	.249	.252	.255	.258
.24	.216	.221	.227	.232	.238	.244	.247	.251	.253	.257	.260	.263	.266	.270
.25	.225	.230	.236	.242	.248	.255	.258	.261	.264	.268	.271	.274	.277	.281

Constant	9°	8°	7°	6°	5°	4°	3°	2°	1°	0°	359°	358°	357°	356°
0.21	0.239	0.242	0.246	0.249	0.252	0.255	0.259	0.262	0.266	0.270	0.274	0.278	0.281	0.286
.22	.251	.254	.257	.260	.264	.267	.271	.275	.279	.282	.287	.291	.295	.299
.23	.262	.265	.269	.272	.276	.279	.284	.288	.291	.295	.300	.304	.308	.313
.24	.274	.277	.281	.284	.288	.292	.296	.300	.304	.308	.313	.317	.322	.326
.25	.285	.289	.292	.296	.300	.304	.308	.312	.317	.321	.326	.330	.335	.340

Constant	355°	354°	353°	352°	351°	350°	349°	348°	347°	346°	345°	344°	343°	342°
0.21	0.290	0.295	0.299	0.304	0.309	0.315	0.320	0.325	0.332	0.338	0.344	0.351	0.358	0.366
.22	.304	.309	.314	.319	.324	.330	.335	.341	.348	.354	.361	.368	.375	.383
.23	.318	.323	.328	.333	.339	.345	.350	.356	.363	.370	.377	.385	.392	.400
.24	.332	.337	.342	.348	.354	.360	.366	.372	.379	.386	.393	.401	.409	.418
.25	.346	.351	.356	.362	.368	.374	.381	.388	.395	.402	.410	.418	.426	.435

Constant	341°	340°	339°	338°	337°	336°	335°	334°	333°	332°	331°	330°	329°	328°
0.21	0.374	0.382	0.391	0.400	0.410	0.421	0.433	0.445	0.458	0.472	0.488	0.505	0.524	0.544
.22	.392	.400	.409	.419	.430	.441	.453	.466	.480	.495	.511	.529	.549	.570
.23	.409	.419	.428	.438	.449	.461	.474	.487	.502	.517	.534	.553	.574	.596
.24	.427	.437	.446	.457	.469	.481	.494	.508	.523	.540	.558	.577	.600	.622
.25	.445	.455	.465	.476	.488	.501	.515	.529	.545	.562	.581	.601	.624	.648

Constant	327°	326°	325°	324°	323°	322°	321°	320°	319°	318°	317°	316°	315°	303°
0.21	0.567	0.592	0.620	0.652	0.688	0.729	0.778	0.835	0.903	0.986	1.089	1.221	1.396	1.114
.22	.594	.620	.650	.683	.721	.764	.815	.875	.946	1.033	1.141	1.280	1.463	1.167
.23	.621	.648	.679	.714	.754	.798	.852	.915	.989	1.080	1.193	1.338	1.529	1.220
.24	.648	.676	.709	.745	.787	.833	.889	.955	1.032	1.127	1.245	1.396	1.596	1.273
.25	.675	.705	.738	.776	.819	.868	.926	.994	1.075	1.174	1.297	1.454	1.662	1.326

Constant	302°	301°	300°	299°	298°	297°	296°	295°	294°	293°	292°	291°	290°	289°
0.21	0.927	0.787	0.677	0.593	0.522	0.463	0.413	0.370	0.332	0.299	0.271	0.245	0.222	0.201
.22	.972	.825	.710	.621	.546	.485	.433	.387	.348	.314	.284	.257	.233	.211
.23	1.016	.862	.742	.649	.571	.507	.453	.405	.364	.328	.297	.268	.243	.220
.24	1.060	.900	.774	.677	.596	.529	.472	.423	.380	.342	.310	.280	.254	.230
.25	1.104	.937	.806	.706	.621	.551	.492	.440	.396	.356	.322	.292	.264	.239

Constant	288°	287°	286°	285°	284°	283°	282°	281°	280°	279°	278°	277°	276°	275°
0.21	0.182	0.165	0.149	0.134	0.121	0.108	0.097	0.085	0.075	0.066	0.057	0.049	0.041	0.033
.22	.191	.172	.156	.141	.126	.113	.101	.089	.079	.069	.060	.051	.042	.034
.23	.199	.180	.163	.147	.132	.118	.106	.093	.083	.072	.062	.053	.044	.036
.24	.208	.188	.170	.153	.138	.124	.110	.097	.086	.075	.065	.055	.046	.037
.25	.217	.196	.177	.160	.144	.129	.115	.101	.090	.078	.068	.058	.048	.039

VALUES OF LEVEL CORRECTION, *Bb*.

Argument: Zenith Distance South.

Between 315° and 85′ the Correction has the same sign as the Constant; between 275° and 303° it has the opposite sign. For reflection observations the sign is reversed.

Constant	85°	84°	83°	82°	81°	80°	79°	78°	77°	76°	75°	74°	73°	72°
s. 0.26	s. 0.033	s. 0.038	s. 0.044	s. 0.049	s. 0.055	s. 0.060	s. 0.065	s. 0.069	s. 0.074	s. 0.079	s. 0.083	s. 0.088	s. 0.092	s. 0.096
.27	0.034	.040	.046	.051	.057	.062	.067	.072	.077	.082	.087	.091	.095	.100
.28	.035	.041	.047	.053	.059	.064	.070	.075	.080	.085	.090	.094	.099	.103
.29	.036	.043	.049	.055	.061	.067	.072	.077	.083	.088	.093	.098	.102	.107
.30	.038	.044	.051	.057	.063	.069	.075	.080	.086	.091	.096	.101	.106	.111

Constant	71°	70°	69°	68°	67°	66°	65°	64°	63°	62°	61°	60°	59°	58°
0.26	0.100	0.104	0.108	0.111	0.115	0.119	0.122	0.126	0.129	0.132	0.136	0.140	0.142	0.146
.27	.104	.108	.112	.116	.120	.123	.127	.131	.134	.137	.141	.145	.148	.151
.28	.107	.112	.116	.120	.124	.128	.132	.136	.139	.142	.146	.150	.153	.157
.29	.111	.116	.120	.124	.128	.132	.136	.140	.144	.148	.152	.155	.159	.163
.30	.115	.120	.124	.129	.133	.137	.141	.145	.149	.153	.157	.161	.164	.168

Constant	56°	54°	52°	50°	48°	46°	44°	42°	40°	38°	36°	34°	32°	30°
0.26	0.152	0.158	0.164	0.170	0.176	0.182	0.188	0.193	0.199	0.205	0.211	0.216	0.222	0.228
.27	.158	.164	.171	.177	.183	.189	.195	.201	.207	.213	.219	.225	.231	.236
.28	.163	.170	.177	.183	1.0	.195	.202	.208	.214	.221	.227	.233	.239	.245
.29	.170	.176	.183	.190	.197	.203	.209	.216	.222	.229	.235	.241	.248	.254
.30	.176	.182	.190	.196	.203	.210	.217	.223	.230	.236	.243	.250	.256	.263

Constant	28°	26°	24°	22°	20°	18°	17°	16°	15°	14°	13°	12°	11°	10°
0.26	0.234	0.240	0.246	0.252	0.258	0.265	0.268	0.271	0.275	0.278	0.282	0.285	0.289	0.292
.27	.243	.249	.255	.262	.268	.275	.278	.282	.285	.290	.293	.296	.300	.303
.28	.252	.258	.265	.271	.278	.285	.288	.292	.296	.300	.303	.307	.311	.314
.29	.261	.267	.274	.281	.288	.295	.299	.302	.306	.310	.314	.318	.322	.326
.30	.270	.277	.284	.291	.298	.306	.309	.313	.317	.321	.325	.329	.333	.337

Constant	9°	8°	7°	6°	5°	4°	3°	2°	1°	0°	359°	358°	357°	356°
0.26	0.296	0.300	0.304	0.308	0.312	0.316	0.320	0.325	0.329	0.334	0.339	0.344	0.348	0.354
.27	.308	.311	.316	.320	.324	.328	.333	.338	.342	.347	.352	.357	.362	.367
.28	.319	.323	.328	.332	.336	.340	.345	.350	.355	.360	.365	.370	.375	.381
.29	.331	.334	.339	.343	.348	.352	.357	.362	.368	.373	.378	.383	.389	.395
.30	.342	.346	.351	.355	.360	.365	.370	.375	.380	.386	.391	.397	.402	.408

Constant	355°	354°	353°	352°	351°	350°	349°	348°	347°	346°	345°	344°	343°	342°
0.26	0.359	0.365	0.371	0.377	0.383	0.389	0.396	0.403	0.411	0.418	0.426	0.435	0.444	0.453
.27	.373	.379	.385	.391	.398	.404	.411	.418	.427	.434	.443	.451	.461	.470
.28	.387	.393	.399	.406	.412	.419	.427	.434	.442	.450	.459	.468	.478	.487
.29	.401	.407	.414	.420	.427	.434	.442	.450	.458	.466	.475	.485	.495	.505
.30	.415	.421	.428	.435	.442	.449	.457	.465	.474	.482	.492	.502	.512	.522

Constant	341°	340°	339°	338°	337°	336°	335°	334°	333°	332°	331°	330°	329°	328°
0.26	0.463	0.473	0.484	0.496	0.508	0.521	0.536	0.551	0.567	0.585	0.604	0.625	0.648	0.673
.27	.480	.491	.502	.515	.527	.541	.556	.572	.589	.607	.627	.649	.673	.700
.28	.498	.510	.521	.534	.547	.561	.577	.593	.611	.630	.650	.673	.698	.725
.29	.516	.528	.539	.553	.567	.581	.597	.614	.632	.652	.674	.697	.723	.751
.30	.534	.546	.558	.572	.586	.602	.618	.635	.654	.675	.697	.721	.748	.777

Constant	327°	326°	325°	324°	323°	322°	321°	320°	319°	318°	317°	316°	315°	303°
0.26	0.702	0.733	0.768	0.807	0.852	0.903	0.964	1.034	1.118	1.221	1.349	1.512	1.729	1.379
.27	.729	.761	.797	.838	.865	.937	1.001	1.074	1.161	1.268	1.400	1.570	1.795	1.432
.28	.758	.789	.827	.869	.918	.972	1.038	1.114	1.204	1.315	1.452	1.628	1.862	1.485
.29	.783	.817	.856	.900	.952	1.006	1.075	1.154	1.247	1.362	1.504	1.687	1.928	1.538
.30	.810	.846	.886	.931	.983	1.042	1.112	1.193	1.290	1.409	1.556	1.745	1.994	1.592

Constant	302°	301°	300°	299°	298°	297°	296°	295°	294°	293°	292°	291°	290°	289°
0.26	1.148	0.975	0.839	0.734	0.646	0.573	0.512	0.458	0.412	0.371	0.335	0.303	0.275	0.249
.27	1.192	1.012	.871	.762	.671	.595	.531	.475	.427	.385	.348	.315	.285	.258
.28	1.236	1.050	.993	.790	.696	.617	.551	.493	.443	.399	.361	.327	.296	.265
.29	1.281	1.087	.935	.818	.721	.639	.571	.511	.459	.414	.374	.338	.307	.278
.30	1.325	1.112	.968	.847	.746	.661	.590	.529	.475	.426	.387	.350	.317	.287

Constant	288°	287°	286°	285°	284°	283°	282°	281°	280°	279°	278°	277°	276°	275°
0.26	0.225	0.204	0.184	0.166	0.149	0.134	0.120	0.106	0.093	0.082	0.070	0.060	0.050	0.041
.27	.234	.212	.191	.173	.155	.139	.124	.110	.097	.085	.073	.062	.052	.042
.28	.243	.220	.198	.179	.161	.144	.129	.114	.101	.088	.076	.065	.054	.044
.29	.251	.227	.205	.185	.166	.149	.133	.118	.104	.091	.079	.067	.056	.045
.30	.260	.235	.212	.192	.172	.154	.138	.122	.108	.094	.081	.069	.058	.047

VALUES OF THE LEVEL CORRECTION, Bb.

Argument : Zenith Distance South.

Between 315° and 85° the Correction has the same sign as the Constant ; between 275° and 303° it has the opposite sign. For reflection observations the sign is reversed.

Constant	85°	84°	83°	82°	81°	80°	79°	78°	77°	76°	75°	74°	73°	72°
	s.	s.	s.	s.	s.	s.	s.	s.	s.	s.	s.	s.	s.	s.
0.31	0.039	0.046	0.052	0.059	0.065	0.071	0.077	0.083	0.089	0.094	0.099	0.104	0.109	0.114
.32	0.040	0.047	0.054	0.061	0.067	0.074	0.080	0.085	0.092	0.097	0.103	0.108	0.113	0.118
.33	0.042	0.049	0.056	0.063	0.069	0.076	0.082	0.088	0.094	0.100	0.106	0.111	0.116	0.122
.34	0.043	0.050	0.057	0.065	0.071	0.078	0.085	0.091	0.097	0.103	0.109	0.115	0.120	0.125
.35	0.044	0.052	0.059	0.066	0.074	0.080	0.087	0.093	0.100	0.106	0.112	0.118	0.121	0.129

Constant	71°	70°	69°	68°	67°	66°	65°	64°	63°	62°	61°	60°	59°	58°
0.31	0.119	0.124	0.128	0.133	0.137	0.141	0.146	0.150	0.154	0.158	0.162	0.166	0.170	0.174
.32	.123	.128	.132	.137	.142	.146	.150	.155	.159	.163	.167	.172	.175	.180
.33	.127	.132	.137	.142	.146	.150	.155	.160	.164	.168	.173	.177	.181	.185
.34	.131	.136	.141	.146	.151	.155	.160	.165	.169	.173	.178	.182	.186	.191
.35	.134	.140	.145	.150	.155	.160	.164	.169	.174	.178	.183	.188	.192	.196

Constant	56°	54°	52°	50°	48°	46°	44°	42°	40°	38°	36°	34°	32°	30°
0.31	0.181	0.188	0.196	0.203	0.210	0.217	0.224	0.231	0.238	0.244	0.251	0.258	0.265	0.272
.32	.187	.194	.202	.210	.217	.224	.231	.238	.245	.252	.259	.266	.273	.280
.33	.193	.201	.209	.216	.224	.231	.238	.246	.253	.260	.267	.275	.282	.289
.34	.199	.207	.215	.223	.231	.239	.245	.253	.260	.268	.275	.283	.290	.298
.35	.205	.213	.221	.229	.237	.245	.253	.260	.268	.276	.283	.291	.299	.307

Constant	28°	26°	24°	22°	20°	18°	17°	16°	15°	14°	13°	12°	11°	10°
0.31	0.279	0.286	0.293	0.300	0.308	0.316	0.319	0.323	0.327	0.332	0.336	0.340	0.344	0.348
.32	.288	.295	.302	.310	.318	.326	.330	.334	.338	.342	.346	.351	.355	.360
.33	.297	.304	.312	.320	.328	.336	.340	.344	.348	.353	.357	.362	.366	.371
.34	.306	.313	.321	.329	.338	.346	.350	.354	.359	.364	.368	.372	.377	.382
.35	.315	.323	.331	.339	.348	.356	.360	.365	.369	.374	.379	.383	.388	.393

Constant	9°	8°	7°	6°	5°	4°	3°	2°	1°	0°	359°	358°	357°	356°
0.31	0.353	0.358	0.363	0.367	0.372	0.377	0.382	0.388	0.393	0.398	0.404	0.410	0.415	0.422
.32	.365	.369	.374	.379	.384	.389	.394	.400	.405	.411	.417	.423	.429	.435
.33	.376	.381	.386	.391	.396	.401	.407	.413	.418	.424	.430	.436	.442	.449
.34	.388	.392	.398	.403	.408	.413	.419	.425	.431	.437	.443	.449	.456	.463
.35	.399	.404	.410	.414	.420	.425	.431	.438	.444	.450	.456	.463	.469	.476

Constant	355°	354°	353°	352°	351°	350°	349°	348°	347°	346°	345°	344°	343°	342°
0.31	0.428	0.435	0.442	0.449	0.457	0.464	0.472	0.480	0.490	0.498	0.508	0.518	0.529	0.540
.32	.442	.449	.456	.464	.471	.479	.483	.496	.506	.515	.524	.535	.546	.557
.33	.456	.463	.471	.478	.486	.494	.503	.512	.522	.531	.541	.552	.563	.575
.34	.470	.477	.485	.493	.501	.509	.518	.527	.537	.547	.557	.568	.580	.592
.35	.484	.491	.500	.507	.516	.524	.533	.542	.553	.563	.574	.585	.597	.609

Constant	341°	340°	339°	338°	337°	336°	335°	334°	333°	332°	331°	330°	329°	328°
0.31	0.552	0.564	0.577	0.591	0.606	0.622	0.639	0.657	0.676	0.697	0.720	0.746	0.773	0.803
.32	.570	.582	.595	.610	.625	.642	.659	.678	.698	.720	.744	.770	.798	.829
.33	.587	.600	.614	.629	.645	.662	.680	.699	.720	.742	.767	.794	.823	.855
.34	.605	.619	.632	.648	.664	.682	.700	.720	.742	.765	.790	.813	.848	.881
.35	.623	.637	.651	.667	.681	.702	.721	.741	.763	.787	.813	.842	.873	.907

Constant	327°	326°	325°	324°	323°	322°	321°	320°	319°	318°	317°	316°	315°	303°
0.31	0.837	0.874	0.915	0.963	1.016	1.077	1.149	1.233	1.333	1.456	1.608	1.803	2.061	1.645
.32	.864	.902	.945	.994	1.049	1.112	1.186	1.273	1.376	1.503	1.660	1.861	2.128	1.698
.33	.891	.930	.974	1.025	1.082	1.147	1.223	1.313	1.419	1.550	1.712	1.919	2.194	1.751
.34	.918	.959	1.004	1.056	1.114	1.181	1.260	1.353	1.464	1.597	1.764	1.977	2.261	1.804
.35	.945	.987	1.033	1.087	1.147	1.216	1.297	1.392	1.505	1.644	1.815	2.036	2.327	1.857

Constant	302°	301°	300°	299°	298°	297°	296°	295°	294°	293°	292°	291°	290°	289°
0.31	1.369	1.162	1.000	0.874	0.770	0.683	0.610	0.546	0.491	0.442	0.400	0.362	0.328	0.297
.32	1.413	1.200	1.032	.903	.795	.705	.630	.564	.507	.456	.413	.373	.338	.306
.33	1.457	1.237	1.064	.931	.820	.727	.649	.581	.522	.471	.426	.385	.349	.316
.34	1.501	1.275	1.097	.959	.845	.749	.669	.599	.538	.485	.439	.397	.359	.325
.35	1.546	1.312	1.129	.987	.870	.771	.689	.616	.554	.499	.452	.408	.370	.335

Constant	288°	287°	286°	285°	284°	283°	282°	281°	280°	279°	278°	277°	276°	275°
0.31	0.260	0.243	0.219	0.198	0.178	0.160	0.143	0.126	0.111	0.097	0.084	0.072	0.060	0.048
.32	.277	.251	.227	.204	.184	.165	.147	.130	.115	.100	.087	.074	.062	.050
.33	.286	.259	.234	.211	.189	.170	.152	.134	.118	.104	.089	.076	.064	.051
.34	.295	.267	.241	.217	.195	.175	.156	.138	.122	.107	.092	.079	.066	.053
.35	.303	.274	.248	.224	.201	.180	.161	.142	.126	.110	.095	.081	.068	.055

VALUES OF THE LEVEL CORRECTION, Bb.

Argument: Zenith Distance South.

Between 315° and 85° the Correction has the same sign as the Constant; between 275° and 303° it has the opposite sign. For reflection observations the sign is reversed.

Constant.	85°	84°	83°	82°	81°	80°	79°	78°	77°	76°	75°	74°	73°	72°
0.36	0.045	0.053	0.061	0.068	0.076	0.083	0.090	0.096	0.103	0.109	0.116	0.121	0.127	0.133
.37	.047	.055	.062	.070	.078	.085	.092	.099	.106	.112	.119	.125	.131	.136
.38	.048	.056	.064	.072	.080	.087	.095	.101	.109	.115	.122	.128	.134	.140
.39	.049	.058	.066	.074	.082	.090	.097	.104	.112	.118	.125	.131	.138	.144
.40	.050	.059	.068	.076	.084	.092	.100	.107	.114	.121	.128	.135	.141	.148

Constant.	71°	70°	69°	68°	67°	66°	65°	64°	63°	62°	61°	60°	59°	58°
0.36	0.138	0.144	0.149	0.154	0.159	0.164	0.169	0.174	0.179	0.183	0.188	0.193	0.197	0.202
.37	.142	.148	.153	.159	.164	.169	.174	.179	.184	.188	.194	.198	.203	.208
.38	.146	.152	.157	.163	.168	.173	.179	.184	.189	.193	.199	.204	.208	.213
.39	.150	.156	.161	.167	.173	.178	.183	.189	.194	.198	.204	.209	.214	.219
.40	.154	.160	.165	.172	.177	.182	.188	.194	.199	.203	.209	.214	.219	.224

Constant.	56°	54°	52°	50°	48°	46°	44°	42°	40°	38°	36°	34°	32°	30°
0.36	0.211	0.219	0.228	0.236	0.244	0.252	0.260	0.268	0.276	0.284	0.292	0.300	0.307	0.315
.37	.216	.225	.234	.242	.251	.259	.267	.275	.283	.292	.300	.309	.316	.324
.38	.222	.231	.240	.249	.258	.266	.274	.283	.291	.299	.308	.316	.324	.333
.39	.228	.237	.246	.255	.264	.273	.282	.290	.299	.307	.316	.323	.333	.342
.40	.234	.243	.253	.262	.271	.280	.289	.298	.306	.315	.324	.333	.342	.350

Constant.	28°	26°	24°	22°	20°	18°	17°	16°	15°	14°	13°	12°	11°	10°
0.36	0.324	0.332	0.340	0.349	0.357	0.367	0.371	0.375	0.380	0.385	0.390	0.394	0.400	0.405
.37	.333	.341	.350	.359	.367	.377	.381	.385	.391	.396	.400	.405	.411	.416
.38	.342	.350	.359	.368	.377	.387	.391	.396	.401	.407	.411	.416	.422	.427
.39	.351	.360	.369	.378	.387	.397	.402	.406	.412	.417	.422	.427	.433	.439
.40	.360	.369	.378	.388	.397	.407	.412	.417	.423	.428	.433	.438	.444	.450

Constant.	9°	8°	7°	6°	5°	4°	3°	2°	1°	0°	359°	358°	357°	356°
0.36	0.410	0.415	0.421	0.426	0.432	0.437	0.444	0.450	0.456	0.463	0.469	0.476	0.483	0.490
.37	.422	.427	.433	.438	.444	.449	.456	.462	.469	.475	.482	.489	.496	.503
.38	.433	.439	.445	.450	.456	.461	.469	.475	.482	.488	.495	.502	.509	.517
.39	.445	.450	.456	.462	.465	.473	.481	.488	.494	.501	.508	.515	.523	.531
.40	.456	.461	.468	.474	.480	.486	.493	.500	.507	.514	.521	.529	.536	.544

Constant.	355°	354°	353°	352°	351°	350°	349°	348°	347°	346°	345°	344°	343°	342°
0.36	0.497	0.505	0.514	0.522	0.530	0.539	0.549	0.558	0.568	0.579	0.590	0.602	0.614	0.627
.37	.511	.519	.529	.536	.545	.551	.564	.574	.584	.595	.606	.619	.631	.644
.38	.525	.533	.542	.551	.560	.569	.579	.589	.600	.611	.623	.635	.648	.662
.39	.539	.547	.556	.565	.574	.584	.594	.604	.616	.627	.639	.652	.665	.679
.40	.553	.561	.570	.580	.589	.599	.610	.620	.632	.643	.656	.669	.682	.696

Constant.	341°	340°	339°	338°	337°	336°	335°	334°	333°	332°	331°	330°	329°	328°
0.36	0.640	0.655	0.670	0.687	0.703	0.722	0.742	0.762	0.785	0.810	0.837	0.866	0.898	0.933
.37	.658	.673	.688	.706	.723	.742	.762	.784	.807	.832	.860	.890	.923	.959
.38	.676	.692	.707	.725	.742	.762	.783	.805	.829	.855	.883	.914	.948	.985
.39	.694	.710	.725	.744	.762	.782	.803	.826	.851	.877	.906	.938	.973	1.010
.40	.712	.728	.744	.763	.782	.802	.824	.847	.873	.902	.930	.962	.998	1.036

Constant.	327°	326°	325°	324°	323°	322°	321°	320°	319°	318°	317°	316°	315°	303°
0.36	0.972	1.015	1.063	1.118	1.180	1.251	1.334	1.432	1.548	1.691	1.867	2.094	2.394	1.910
.37	0.990	1.043	1.092	1.149	1.213	1.286	1.371	1.472	1.591	1.738	1.919	2.152	2.460	1.969
.38	1.026	1.071	1.122	1.180	1.245	1.320	1.408	1.512	1.634	1.784	1.971	2.210	2.527	2.016
.39	1.053	1.099	1.151	1.211	1.278	1.355	1.445	1.552	1.677	1.831	2.023	2.268	2.593	2.069
.40	1.080	1.128	1.181	1.242	1.311	1.390	1.482	1.591	1.720	1.878	2.075	2.326	2.660	2.122

Constant.	302°	301°	300°	299°	298°	297°	296°	295°	294°	293°	292°	291°	290°	289°
0.36	1.590	1.350	1.161	1.016	0.895	0.703	0.708	0.634	0.570	0.513	0.464	0.420	0.380	0.345
.37	1.634	1.387	1.194	1.044	.920	.815	.728	.652	.586	.528	.477	.432	.391	.354
.38	1.678	1.425	1.226	1.072	.945	.838	.748	.669	.602	.542	.490	.443	.402	.364
.39	1.722	1.462	1.258	1.100	.969	.860	.768	.687	.617	.556	.503	.455	.412	.373
.40	1.766	1.500	1.290	1.129	.994	.882	.787	.705	.633	.570	.516	.467	.423	.383

Constant.	288°	287°	286°	285°	284°	283°	282°	281°	280°	279°	278°	277°	276°	275°
0.36	0.312	0.280	0.255	0.230	0.207	0.185	0.166	0.146	0.129	0.113	0.098	0.083	0.069	0.056
.37	.321	.290	.262	.236	.212	.191	.170	.150	.133	.116	.100	.085	.071	.058
.38	.329	.298	.269	.243	.218	.196	.175	.154	.136	.119	.103	.088	.073	.059
.39	.338	.306	.276	.249	.224	.201	.179	.158	.140	.122	.106	.090	.075	.061
.40	.347	.314	.283	.256	.230	.206	.184	.162	.144	.126	.108	.092	.077	.062

VALUES OF THE LEVEL CORRECTION, Bb.

Argument: Zenith Distance South.

Between 315° and 85° the Correction has the same sign as the Constant; between 275° and 303° it has the opposite sign. For reflection observations the sign is reversed.

Constant	85°	84°	83°	82°	81°	80°	79°	78°	77°	76°	75°	74°	73°	72°
s.	s.	s.	s.	s.	s.	s.	s.	s.	s.	s.	s.	s.	s.	s.
0.41	0.052	0.061	0.069	0.078	0.086	0.094	0.102	0.109	0.117	0.124	0.132	0.138	0.145	0.151
.42	.053	.062	.071	.080	.088	.097	.105	.112	.120	.127	.135	.142	.148	.155
.43	.054	.064	.073	.082	.090	.099	.107	.115	.123	.130	.138	.145	.152	.159
.44	.055	.065	.074	.084	.092	.101	.110	.117	.126	.133	.141	.148	.155	.162
.45	.057	.067	.076	.086	.094	.104	.112	.120	.129	.136	.144	.152	.159	.166

Constant	71°	70°	69°	68°	67°	66°	65°	64°	63°	62°	61°	60°	59°	58°
0.41	0.157	0.164	0.170	0.176	0.182	0.187	0.193	0.198	0.204	0.209	0.214	0.220	0.225	0.230
.42	.161	.168	.174	.180	.186	.192	.197	.203	.209	.214	.220	.225	.230	.236
.43	.165	.172	.178	.184	.190	.196	.202	.208	.214	.219	.225	.230	.236	.241
.44	.169	.176	.182	.189	.195	.201	.207	.213	.219	.224	.230	.236	.241	.247
.45	.173	.180	.186	.193	.199	.205	.212	.218	.224	.229	.235	.241	.247	.252

Constant	56°	54°	52°	50°	48°	46°	44°	42°	40°	38°	36°	34°	32°	30°
0.41	0.240	0.249	0.259	0.268	0.278	0.287	0.296	0.305	0.314	0.323	0.332	0.341	0.350	0.359
.42	.246	.255	.265	.275	.285	.294	.303	.312	.322	.331	.340	.349	.359	.368
.43	.252	.261	.272	.282	.292	.301	.310	.320	.329	.339	.348	.358	.367	.377
.44	.257	.268	.278	.288	.298	.308	.318	.327	.337	.347	.356	.366	.376	.385
.45	.263	.274	.284	.295	.305	.315	.325	.335	.345	.355	.364	.374	.384	.394

Constant	28°	26°	24°	22°	20°	18°	17°	16°	15°	14°	13°	12°	11°	10°
0.41	0.369	0.378	0.387	0.397	0.407	0.417	0.422	0.428	0.433	0.439	0.444	0.449	0.455	0.461
.42	.376	.387	.397	.407	.417	.427	.433	.438	.443	.449	.455	.460	.466	.473
.43	.387	.396	.406	.417	.427	.438	.443	.449	.454	.460	.466	.471	.477	.484
.44	.396	.406	.416	.426	.437	.448	.453	.459	.465	.471	.477	.482	.488	.495
.45	.405	.415	.425	.436	.447	.458	.464	.469	.475	.482	.487	.493	.500	.506

Constant	9°	8°	7°	6°	5°	4°	3°	2°	1°	0°	359°	358°	357°	356°
0.41	0.467	0.473	0.480	0.485	0.492	0.498	0.506	0.512	0.520	0.527	0.534	0.542	0.550	0.558
.42	.479	.485	.491	.497	.504	.510	.518	.525	.533	.540	.547	.555	.563	.571
.43	.490	.496	.503	.509	.516	.522	.530	.538	.545	.553	.560	.568	.576	.585
.44	.502	.508	.515	.521	.528	.534	.543	.550	.558	.565	.573	.586	.590	.599
.45	.513	.519	.526	.533	.540	.547	.555	.562	.571	.578	.586	.595	.603	.612

Constant	355°	354°	353°	352°	351°	350°	349°	348°	347°	346°	345°	344°	343°	342°
0.41	0.567	0.575	0.585	0.594	0.604	0.614	0.625	0.636	0.647	0.659	0.672	0.686	0.699	0.714
.42	.580	.589	.599	.609	.619	.629	.640	.651	.663	.675	.688	.702	.717	.731
.43	.594	.603	.613	.623	.633	.644	.655	.666	.679	.691	.705	.719	.734	.749
.44	.608	.617	.627	.638	.648	.659	.670	.682	.695	.708	.721	.736	.751	.766
.45	.622	.631	.642	.652	.663	.674	.686	.698	.711	.724	.738	.752	.768	.783

Constant	341°	340°	339°	338°	337°	336°	335°	334°	333°	332°	331°	330°	329°	328°
0.41	0.730	0.746	0.763	0.782	0.801	0.822	0.845	0.868	0.894	0.922	0.953	0.986	1.023	1.062
.42	.745	.764	.781	.801	.821	.842	.865	.890	.916	.945	.976	1.010	1.047	1.088
.43	.765	.783	.800	.820	.840	.862	.886	.911	.938	.967	.999	1.034	1.072	1.114
.44	.783	.801	.819	.839	.860	.882	.906	.932	.960	.990	1.023	1.058	1.097	1.140
.45	.801	.819	.837	.858	.879	.902	.927	.953	.981	1.017	1.046	1.082	1.122	1.166

Constant	327°	326°	325°	324°	323°	322°	321°	320°	319°	318°	317°	316°	315°	303°
0.41	1.107	1.156	1.210	1.273	1.314	1.424	1.519	1.631	1.763	1.925	2.127	2.385	2.726	3.175
.42	1.134	1.184	1.240	1.304	1.376	1.450	1.557	1.671	1.806	1.972	2.179	2.443	2.793	3.228
.43	1.161	1.212	1.270	1.335	1.409	1.491	1.594	1.711	1.849	2.019	2.230	2.501	2.859	3.281
.44	1.188	1.240	1.299	1.366	1.442	1.528	1.631	1.750	1.892	2.066	2.282	2.559	2.926	3.334
.45	1.215	1.269	1.329	1.397	1.475	1.563	1.668	1.790	1.935	2.113	2.334	2.617	2.992	3.387

Constant	302°	301°	300°	299°	298°	297°	296°	295°	294°	293°	292°	291°	290°	289°
0.41	1.811	1.537	1.323	1.157	1.019	0.904	0.807	0.722	0.649	0.585	0.529	0.478	0.433	0.392
.42	1.855	1.575	1.355	1.185	1.044	.926	.827	.739	.665	.599	.542	.490	.444	.402
.43	1.899	1.612	1.387	1.213	1.069	.948	.846	.757	.681	.613	.555	.502	.455	.412
.44	1.943	1.650	1.420	1.241	1.093	.970	.866	.775	.697	.627	.568	.513	.465	.421
.45	1.987	1.687	1.452	1.270	1.118	.992	.886	.792	.712	.642	.580	.525	.476	.431

Constant	288°	287°	286°	285°	284°	283°	282°	281°	280°	279°	278°	277°	276°	275°
0.41	0.355	0.324	0.290	0.262	0.235	0.211	0.189	0.166	0.147	0.129	0.111	0.095	0.079	0.064
.42	.364	.329	.297	.268	.241	.216	.193	.171	.151	.132	.114	.097	.081	.066
.43	.373	.337	.304	.275	.247	.221	.198	.175	.154	.135	.117	.099	.083	.067
.44	.381	.345	.312	.281	.253	.227	.202	.179	.158	.138	.119	.102	.085	.069
.45	.390	.353	.319	.288	.258	.232	.207	.183	.162	.141	.122	.104	.087	.070

VALUES OF THE LEVEL CORRECTION, Bb.

Constant.   Argument: Zenith Distance South.

Between 315° and 85° the Correction has the same sign as the Constant; between 275° and 303° it has the opposite sign. For reflection observations the sign is reversed.

Constant	85°	84°	83°	82°	81°	80°	79°	78°	77°	76°	75°	74°	73°	72°
s. 0.46	s. 0.058	s. 0.068	s. 0.073	s. 0.087	0.097	0.106	0.115	s. 0.123	s. 0.132	s. 0.139	s. 0.148	s. 0.155	s. 0.162	s. 0.170
.47	.059	.070	.079	.089	.099	.108	.117	.125	.134	.142	.151	.158	.166	.173
.48	.060	.071	.081	.091	.101	.110	.119	.128	.137	.145	.154	.162	.169	.177
.49	.062	.073	.083	.093	.103	.113	.122	.131	.140	.148	.157	.165	.173	.181
.50	.063	.074	.085	.095	.105	.115	.124	.134	.143	.151	.160	.169	.176	.184

Constant	71°	70°	69°	68°	67°	66°	65°	64°	63°	62°	61°	60°	59°	58°
0.46	0.177	0.184	0.190	0.197	0.204	0.210	0.216	0.223	0.229	0.234	0.241	0.247	0.252	0.258
.47	.180	.186	.195	.201	.208	.214	.221	.227	.234	.239	.246	.252	.258	.264
.48	.184	.192	.199	.205	.213	.219	.226	.232	.239	.244	.251	.257	.263	.269
.49	.188	.196	.203	.210	.217	.223	.230	.237	.244	.249	.256	.263	.269	.275
.50	.192	.200	.207	.214	.222	.228	.235	.242	.249	.255	.262	.268	.274	.280

Constant	56°	54°	52°	50°	48°	46°	44°	42°	40°	38°	36°	34°	32°	30°
0.46	0.269	0.280	0.291	0.301	0.312	0.322	0.332	0.342	0.352	0.362	0.373	0.383	0.393	0.403
.47	.275	.286	.297	.308	.319	.329	.339	.350	.360	.370	.381	.391	.401	.412
.48	.281	.292	.303	.314	.325	.336	.347	.357	.368	.378	.389	.399	.410	.420
.49	.287	.298	.310	.321	.332	.343	.354	.365	.375	.386	.397	.408	.418	.429
.50	.292	.304	.316	.328	.339	.350	.361	.372	.383	.394	.405	.416	.427	.438

Constant	28°	26°	24°	22°	20°	18°	17°	16°	15°	14°	13°	12°	11°	10°
0.46	0.414	0.424	0.435	0.446	0.457	0.468	0.474	0.480	0.486	0.492	0.498	0.501	0.511	0.517
.47	.423	.433	.444	.455	.467	.478	.484	.490	.496	.503	.509	.515	.522	.528
.48	.432	.443	.454	.465	.477	.489	.494	.501	.507	.514	.520	.526	.533	.540
.49	.441	.452	.463	.475	.487	.499	.505	.511	.517	.524	.531	.537	.544	.551
.50	.450	.461	.472	.484	.496	.509	.515	.522	.528	.535	.542	.548	.555	.562

Constant	9°	8°	7°	6°	5°	4°	3°	2°	1°	0°	359°	358°	357°	356°
0.46	0.524	0.531	0.538	0.544	0.552	0.559	0.567	0.575	0.583	0.591	0.599	0.608	0.616	0.626
.47	.536	.542	.550	.559	.564	.571	.579	.588	.596	.604	.612	.621	.630	.639
.48	.548	.554	.562	.568	.576	.583	.591	.600	.609	.617	.625	.634	.643	.653
.49	.559	.565	.573	.580	.585	.595	.604	.612	.621	.630	.638	.648	.657	.665
.50	.570	.577	.585	.592	.600	.608	.616	.625	.634	.642	.652	.661	.670	.680

Constant	355°	354°	353°	352°	351°	350°	349°	348°	347°	346°	345°	344°	343°	342°
0.46	0.636	0.645	0.656	0.667	0.678	0.689	0.701	0.713	0.725	0.740	0.754	0.769	0.785	0.801
.47	.649	.659	.670	.681	.692	.704	.716	.728	.742	.756	.770	.786	.802	.818
.48	.663	.673	.684	.695	.707	.719	.731	.744	.758	.772	.787	.803	.819	.836
.49	.677	.687	.699	.710	.722	.734	.747	.760	.774	.788	.803	.819	.836	.853
.50	.691	.701	.713	.725	.737	.749	.762	.775	.790	.804	.820	.836	.853	.870

Constant	341°	340°	339°	338°	337°	336°	335°	334°	333°	332°	331°	330°	329°	328°
0.46	0.819	0.837	0.856	0.877	0.899	0.922	0.948	0.974	1.003	1.035	1.069	1.106	1.147	1.192
.47	.837	.855	.875	.896	.918	.942	.968	.995	1.025	1.058	1.092	1.130	1.172	1.218
.48	.854	.874	.893	.915	.938	.962	.989	1.007	1.047	1.080	1.116	1.154	1.197	1.244
.49	.872	.891	.912	.935	.957	.982	1.009	1.028	1.069	1.102	1.139	1.178	1.222	1.270
.50	.890	.910	.930	.954	.977	1.002	1.030	1.049	1.091	1.125	1.162	1.202	1.247	1.296

Constant	327°	326°	325°	324°	323°	322°	321°	320°	319°	318°	317°	316°	315°	303°
0.46	1.242	1.297	1.358	1.428	1.507	1.598	1.705	1.830	1.978	2.160	2.386	2.675	3.059	2.440
.47	1.269	1.325	1.388	1.459	1.540	1.632	1.742	1.870	2.021	2.207	2.438	2.733	3.125	2.493
.48	1.296	1.353	1.417	1.490	1.573	1.667	1.779	1.909	2.064	2.254	2.490	2.792	3.192	2.546
.49	1.323	1.381	1.447	1.521	1.606	1.702	1.816	1.949	2.107	2.301	2.542	2.850	3.258	2.599
.50	1.350	1.409	1.476	1.552	1.639	1.737	1.853	1.989	2.150	2.348	2.594	2.908	3.325	2.652

Constant	302°	301°	300°	299°	298°	297°	296°	295°	294°	293°	292°	291°	290°	289°
0.46	2.031	1.725	1.483	1.295	1.143	1.014	0.905	0.810	0.728	0.656	0.593	0.537	0.486	0.440
.47	2.076	1.762	1.516	1.326	1.168	1.036	.925	.828	.744	.670	.606	.548	.497	.450
.48	2.120	1.800	1.548	1.355	1.193	1.058	.945	.845	.760	.684	.619	.560	.507	.459
.49	2.164	1.837	1.580	1.383	1.218	1.080	.964	.863	.776	.699	.632	.572	.518	.469
.50	2.208	1.876	1.613	1.411	1.243	1.102	.984	.880	.792	.713	.645	.584	.528	.478

Constant	288°	287°	286°	285°	284°	283°	282°	281°	280°	279°	278°	277°	276°	275°
0.46	0.399	0.361	0.326	0.294	0.264	0.237	0.212	0.187	0.165	0.144	0.125	0.106	0.089	0.072
.47	.407	.368	.333	.300	.270	.242	.216	.191	.169	.148	.127	.109	.091	.073
.48	.416	.376	.340	.307	.276	.247	.221	.195	.172	.151	.130	.111	.093	.075
.49	.425	.384	.347	.313	.281	.252	.225	.199	.176	.154	.133	.113	.095	.076
.50	.434	.392	.354	.320	.287	.258	.230	.203	.180	.157	.136	.116	.096	.078

TABLE III.

COLLIMATION.

VALUES OF THE COLLIMATION CORRECTION, Cc.

Argument: Zenith Distance South.

Between 315° and 85° the Correction has the same sign as the Constant; between 275° and 305° it has the opposite sign.

Constant.	85°	84°	83°	82°	81°	80°	79°	78°	77°	76°	75°	74°	73°	72°
0.01	0.014	0.014	0.014	0.014	0.013	0.013	0.013	0.013	0.013	0.013	0.013	0.012	0.012	0.012
.02	.029	.028	.028	.027	.027	.026	.026	.026	.026	.025	.025	.025	.024	.024
.03	.043	.043	.042	.041	.041	.040	.039	.039	.038	.038	.037	.037	.036	.036
.04	.058	.057	.056	.055	.054	.053	.052	.052	.051	.050	.050	.049	.048	.048
.05	.072	.071	.070	.068	.067	.066	.065	.064	.064	.063	.062	.061	.060	.060

Constant.	71°	70°	69°	68°	67°	66°	65°	64°	63°	62°	61°	60°	59°	58°
0.01	0.012	0.012	0.012	0.011	0.011	0.011	0.011	0.011	0.011	0.011	0.011	0.011	0.011	0.011
.02	.024	.023	.023	.023	.023	.022	.022	.022	.022	.022	.021	.021	.021	.021
.03	.036	.035	.035	.034	.034	.034	.034	.033	.033	.033	.032	.032	.032	.032
.04	.047	.047	.046	.046	.045	.045	.045	.044	.044	.044	.043	.043	.043	.042
.05	.059	.058	.058	.057	.057	.056	.056	.055	.055	.054	.054	.054	.053	.053

Constant.	56°	55°	52°	50°	48°	46°	44°	42°	40°	38°	36°	34°	32°	30°
0.01	0.010	0.010	0.010	0.010	0.010	0.010	0.010	0.010	0.010	0.010	0.010	0.010	0.010	0.010
.02	.021	.021	.021	.020	.020	.020	.020	.020	.020	.020	.020	.020	.020	.020
.03	.032	.031	.031	.031	.031	.030	.030	.030	.030	.030	.030	.030	.030	.030
.04	.042	.041	.041	.041	.041	.040	.040	.040	.040	.040	.040	.040	.040	.040
.05	.052	.052	.051	.051	.051	.050	.050	.050	.050	.050	.050	.050	.050	.051

Constant.	28°	26°	24°	22°	20°	18°	17°	16°	15°	14°	13°	12°	11°	10°
0.01	0.010	0.010	0.010	0.010	0.010	0.011	0.011	0.011	0.011	0.011	0.011	0.011	0.011	0.011
.02	.020	.020	.021	.021	.021	.021	.021	.022	.022	.022	.022	.022	.023	.023
.03	.031	.031	.031	.031	.032	.032	.032	.033	.033	.033	.033	.034	.034	.034
.04	.041	.041	.041	.042	.042	.043	.043	.043	.044	.044	.045	.045	.045	.046
.05	.051	.051	.052	.052	.053	.054	.054	.054	.055	.055	.056	.056	.057	.057

Constant.	9°	8°	7°	6°	5°	4°	3°	2°	1°	0°	359°	358°	357°	356°
0.01	0.012	0.012	0.012	0.012	0.012	0.012	0.012	0.012	0.013	0.013	0.013	0.013	0.013	0.014
.02	.023	.023	.024	.024	.024	.024	.025	.025	.025	.026	.026	.026	.027	.027
.03	.034	.035	.035	.035	.036	.036	.037	.037	.038	.039	.039	.039	.040	.041
.04	.046	.047	.047	.048	.048	.049	.049	.050	.051	.051	.052	.053	.054	.055
.05	.058	.058	.059	.060	.060	.061	.062	.062	.063	.064	.065	.066	.067	.068

Constant.	355°	354°	353°	352°	351°	350°	349°	348°	347°	346°	345°	344°	343°	342°
0.01	0.014	0.014	0.014	0.015	0.015	0.015	0.016	0.016	0.016	0.017	0.017	0.017	0.018	0.018
.02	.028	.028	.029	.029	.030	.030	.031	.032	.032	.033	.034	.035	.036	.037
.03	.042	.042	.043	.044	.045	.046	.047	.048	.049	.050	.051	.052	.054	.055
.04	.056	.057	.058	.059	.060	.061	.062	.063	.065	.066	.068	.070	.071	.073
.05	.069	.070	.072	.073	.075	.076	.078	.079	.081	.083	.085	.087	.089	.091

Constant.	341°	340°	339°	338°	337°	336°	335°	334°	333°	332°	331°	330°	329°	328°
0.01	0.019	0.019	0.020	0.021	0.021	0.022	0.023	0.024	0.024	0.025	0.027	0.028	0.029	0.031
.02	.038	.039	.040	.041	.042	.044	.045	.047	.049	.051	.053	.056	.058	.061
.03	.056	.058	.060	.062	.064	.066	.068	.071	.074	.077	.080	.084	.088	.092
.04	.075	.077	.080	.083	.085	.088	.091	.095	.098	.102	.107	.111	.117	.122
.05	.094	.097	.100	.103	.106	.110	.114	.118	.122	.127	.133	.139	.145	.153

Constant.	327°	326°	325°	324°	323°	322°	321°	320°	319°	318°	317°	316°	315°	314°
0.01	0.032	0.034	0.036	0.038	0.041	0.044	0.048	0.052	0.057	0.063	0.071	0.081	0.094	0.007
.02	.064	.068	.072	.077	.082	.088	.095	.104	.114	.126	.142	.162	.188	.195
.03	.097	.102	.108	.115	.123	.133	.144	.156	.172	.190	.213	.243	.282	.293
.04	.129	.136	.144	.154	.164	.177	.191	.208	.228	.253	.284	.324	.377	.390
.05	.161	.170	.180	.192	.205	.220	.238	.260	.285	.316	.355	.404	.470	.487

Constant.	302°	301°	300°	299°	298°	297°	296°	295°	294°	293°	292°	291°	290°	289°
0.01	0.083	0.073	0.065	0.058	0.053	0.048	0.045	0.042	0.039	0.036	0.034	0.032	0.031	0.029
.02	.167	.146	.129	.116	.106	.097	.090	.083	.078	.073	.068	.065	.062	.059
.03	.251	.219	.195	.175	.159	.146	.135	.125	.117	.110	.104	.098	.093	.088
.04	.334	.292	.259	.233	.212	.194	.180	.167	.156	.146	.138	.130	.124	.118
.05	.416	.364	.323	.291	.265	.243	.224	.208	.195	.183	.172	.163	.154	.147

Constant.	288°	287°	286°	285°	284°	283°	282°	281°	280°	279°	278°	277°	276°	275°
0.01	0.028	0.027	0.026	0.025	0.024	0.023	0.022	0.021	0.021	0.020	0.019	0.019	0.018	0.018
.02	.056	.054	.051	.049	.048	.046	.044	.043	.041	.040	.039	.038	.037	.036
.03	.084	.081	.077	.074	.071	.069	.067	.064	.062	.060	.059	.057	.055	.054
.04	.112	.107	.103	.099	.095	.092	.089	.086	.083	.081	.078	.076	.074	.072
.05	.140	.134	.128	.123	.119	.114	.110	.107	.103	.100	.097	.095	.092	.090

VALUES OF THE COLLIMATION CORRECTION, C_c.

Argument: Zenith Distance South.

Between 315° and 85° the Correction has the same sign as the Constant; between 275° and 303° it has the opposite sign.

Constant	85°	84°	83°	82°	81°	80°	79°	78°	77°	76°	75°	74°	73°	72°
s. 0.06	s. 0.087	s. 0.085	s. 0.084	s. 0.082	s. 0.081	s. 0.080	s. 0.079	s. 0.078	s. 0.076	s. 0.075	s. 0.074	s. 0.073	s. 0.073	s. 0.072
.07	.101	.099	.097	.096	.095	.093	.092	.090	.089	.088	.087	.086	.085	.084
.08	.115	.113	.111	.110	.108	.106	.105	.103	.102	.100	.099	.098	.097	.096
.09	.130	.128	.125	.123	.121	.120	.118	.116	.114	.113	.112	.110	.109	.107
.10	.144	.142	.139	.137	.135	.133	.131	.129	.127	.125	.124	.122	.121	.119

Constant	71°	70°	69°	68°	67°	66°	65°	64°	63°	62°	61°	60°	59°	58°
0.06	0.071	0.070	0.070	0.069	0.068	0.067	0.067	0.066	0.066	0.065	0.065	0.064	0.064	0.063
.07	.083	.082	.081	.080	.079	.079	.078	.077	.077	.076	.076	.075	.075	.074
.08	.095	.094	.092	.091	.091	.090	.089	.088	.088	.087	.087	.086	.085	.085
.09	.106	.105	.104	.103	.102	.101	.100	.099	.098	.098	.097	.096	.096	.095
.10	.118	.117	.116	.114	.113	.112	.111	.110	.110	.109	.108	.107	.106	.106

Constant	56°	54°	52°	50°	48°	46°	44°	42°	40°	38°	36°	34°	32°	30°
0.06	0.063	0.062	0.062	0.061	0.061	0.060	0.060	0.060	0.060	0.060	0.060	0.060	0.060	0.061
.07	.073	.072	.072	.071	.071	.071	.070	.070	.070	.070	.070	.070	.070	.071
.08	.084	.083	.082	.082	.081	.081	.080	.080	.080	.080	.080	.080	.081	.081
.09	.094	.093	.092	.092	.091	.091	.090	.090	.090	.090	.090	.090	.091	.091
.10	.105	.104	.103	.102	.101	.101	.100	.100	.100	.100	.100	.100	.101	.101

Constant	28°	26°	24°	22°	20°	18°	17°	16°	15°	14°	13°	12°	11°	10°
0.06	0.061	0.062	0.062	0.063	0.063	0.064	0.065	0.065	0.066	0.066	0.067	0.067	0.068	0.069
.07	.071	.072	.072	.073	.074	.075	.075	.076	.077	.077	.078	.079	.079	.080
.08	.081	.082	.083	.084	.085	.086	.086	.087	.088	.088	.089	.090	.090	.091
.09	.092	.092	.093	.094	.095	.096	.097	.098	.098	.099	.100	.101	.102	.103
.10	.102	.103	.104	.105	.106	.107	.108	.109	.109	.110	.111	.112	.113	.114

Constant	9°	8°	7°	6°	5°	4°	3°	2°	1°	0°	359°	358°	357°	356°
0.06	0.069	0.070	0.071	0.072	0.072	0.073	0.074	0.075	0.076	0.077	0.078	0.079	0.081	0.082
.07	.081	.082	.082	.083	.084	.085	.086	.088	.089	.090	.091	.093	.094	.096
.08	.092	.093	.094	.095	.096	.098	.099	.100	.101	.103	.104	.106	.108	.109
.09	.104	.105	.106	.107	.108	.110	.111	.113	.114	.116	.117	.119	.121	.123
.10	.115	.116	.118	.119	.120	.122	.123	.125	.127	.128	.130	.132	.134	.136

Constant	355°	354°	353°	352°	351°	350°	349°	348°	347°	346°	345°	344°	343°	342°
0.06	0.084	0.085	0.086	0.088	0.090	0.091	0.093	0.095	0.097	0.100	0.102	0.104	0.107	0.110
.07	.097	.099	.101	.102	.104	.107	.109	.111	.114	.116	.119	.122	.125	.128
.08	.111	.113	.115	.117	.119	.122	.124	.127	.130	.133	.136	.139	.143	.147
.09	.125	.127	.129	.132	.134	.137	.140	.143	.146	.149	.153	.157	.161	.165
.10	.139	.141	.144	.146	.149	.152	.155	.159	.162	.166	.170	.174	.178	.183

Constant	341°	340°	339°	338°	337°	336°	335°	334°	333°	332°	331°	330°	329°	328°
0.06	0.113	0.116	0.120	0.124	0.128	0.132	0.136	0.141	0.147	0.153	0.159	0.167	0.175	0.184
.07	.132	.136	.140	.144	.149	.154	.159	.165	.172	.179	.186	.195	.204	.214
.08	.151	.155	.160	.164	.170	.175	.182	.189	.196	.204	.213	.222	.233	.244
.09	.169	.174	.179	.185	.191	.198	.205	.212	.220	.229	.239	.250	.262	.275
.10	.188	.194	.199	.206	.212	.220	.227	.236	.245	.255	.266	.278	.291	.306

Constant	327°	326°	325°	324°	323°	322°	321°	320°	319°	318°	317°	316°	315°	303°
0.06	0.193	0.204	0.216	0.231	0.246	0.265	0.286	0.312	0.343	0.380	0.426	0.486	0.564	0.585
.07	.226	.238	.252	.269	.287	.309	.334	.364	.400	.443	.497	.566	.659	.682
.08	.258	.272	.288	.307	.328	.353	.382	.416	.456	.506	.568	.647	.753	.780
.09	.290	.306	.325	.345	.369	.397	.430	.468	.514	.569	.639	.728	.847	.877
.10	.322	.340	.361	.384	.410	.441	.477	.519	.570	.632	.709	.808	.940	.974

Constant	302°	301°	300°	299°	298°	297°	296°	295°	294°	293°	292°	291°	290°	289°
0.06	0.501	0.438	0.389	0.350	0.318	0.292	0.269	0.250	0.234	0.219	0.207	0.195	0.186	0.177
.07	.584	.510	.453	.408	.371	.340	.314	.292	.273	.256	.241	.228	.216	.206
.08	.667	.583	.518	.466	.424	.388	.359	.333	.312	.292	.276	.261	.247	.235
.09	.751	.656	.583	.524	.477	.437	.404	.375	.350	.329	.310	.292	.278	.265
.10	.833	.728	.647	.582	.529	.485	.448	.416	.389	.365	.344	.325	.309	.294

Constant	288°	287°	286°	285°	284°	283°	282°	281°	280°	279°	278°	277°	276°	275°
0.06	0.168	0.161	0.154	0.148	0.143	0.138	0.133	0.129	0.124	0.121	0.117	0.114	0.111	0.108
.07	.196	.188	.180	.173	.166	.160	.155	.150	.145	.141	.137	.132	.129	.126
.08	.224	.215	.206	.198	.190	.183	.177	.171	.166	.161	.156	.151	.147	.144
.09	.252	.241	.232	.222	.214	.206	.199	.193	.187	.181	.175	.170	.166	.161
.10	.280	.268	.257	.247	.238	.229	.221	.214	.207	.201	.195	.189	.184	.179

VALUES OF THE COLLIMATION CORRECTION, C_c.

Argument: Zenith Distance South.

Between 315° and 85° the Correction has the same sign as the Constant, between 275° and 303° it has the opposite sign.

Constant	85°	84°	83°	82°	81°	80°	79°	78°	77°	76°	75°	74°	73°	72°
s. 0,11	0.159	0.156	0.153	0.151	0.148	0.146	0.144	0.142	0.140	0.138	0.136	0.134	0.133	0.131
.12	.173	.170	.167	.164	.162	.159	.157	.155	.152	.150	.149	.147	.145	.143
.13	.187	.184	.181	.178	.175	.172	.170	.168	.165	.163	.161	.159	.157	.155
.14	.202	.198	.195	.192	.189	.186	.183	.180	.178	.176	.173	.171	.169	.167
.15	.216	.213	.209	.206	.202	.199	.196	.193	.191	.188	.186	.183	.181	.179

Constant	71°	70°	69°	68°	67°	66°	65°	64°	63°	62°	61°	60°	59°	58°
0.11	0.130	0.128	0.127	0.126	0.125	0.124	0.122	0.121	0.120	0.119	0.119	0.118	0.117	0.116
.12	.142	.140	.139	.137	.136	.135	.134	.132	.131	.130	.129	.129	.128	.127
.13	.153	.152	.150	.149	.147	.146	.145	.143	.142	.141	.140	.139	.138	.138
.14	.165	.163	.162	.160	.159	.157	.156	.155	.153	.152	.151	.150	.149	.148
.15	.177	.175	.173	.172	.170	.168	.167	.166	.164	.163	.162	.161	.160	.159

Constant	56°	54°	52°	50°	48°	46°	44°	42°	40°	38°	36°	34°	32°	30°
0.11	0.115	0.114	0.113	0.112	0.111	0.111	0.110	0.110	0.110	0.110	0.110	0.110	0.111	0.111
.12	.126	.124	.123	.122	.122	.121	.120	.120	.120	.120	.120	.120	.121	.121
.13	.136	.135	.133	.132	.132	.131	.131	.130	.130	.130	.130	.130	.131	.132
.14	.146	.145	.144	.143	.142	.141	.141	.140	.140	.140	.140	.140	.141	.142
.15	.157	.155	.154	.153	.152	.151	.151	.150	.150	.150	.150	.151	.151	.152

Constant	28°	26°	24°	22°	20°	18°	17°	16°	15°	14°	13°	12°	11°	10°
0.11	0.112	0.113	0.114	0.115	0.116	0.118	0.119	0.119	0.120	0.121	0.122	0.123	0.125	0.126
.12	.122	.123	.124	.125	.127	.128	.129	.130	.131	.132	.133	.134	.136	.137
.13	.132	.133	.135	.136	.137	.139	.140	.141	.142	.143	.145	.146	.147	.148
.14	.143	.144	.145	.146	.148	.150	.151	.152	.153	.154	.156	.157	.158	.160
.15	.153	.154	.155	.157	.158	.160	.162	.163	.164	.165	.167	.168	.170	.171

Constant	9°	8°	7°	6°	5°	4°	3°	2°	1°	0°	359°	358°	357°	356°
0.11	0.127	0.128	0.130	0.131	0.133	0.134	0.136	0.138	0.139	0.141	0.143	0.146	0.148	0.150
.12	.138	.140	.141	.143	.145	.146	.148	.150	.152	.154	.156	.159	.161	.164
.13	.150	.151	.153	.155	.157	.158	.160	.162	.165	.167	.170	.172	.175	.177
.14	.162	.163	.165	.167	.169	.171	.173	.175	.177	.180	.183	.185	.188	.191
.15	.173	.175	.177	.179	.181	.183	.185	.188	.190	.193	.196	.198	.202	.205

Constant	355°	354°	353°	352°	351°	350°	349°	348°	347°	346°	345°	344°	343°	342°
0.11	0.153	0.155	0.158	0.161	0.164	0.167	0.171	0.174	0.178	0.182	0.187	0.191	0.196	0.201
.12	.167	.169	.172	.176	.179	.183	.186	.190	.195	.199	.204	.208	.214	.220
.13	.180	.184	.187	.190	.194	.198	.202	.206	.211	.216	.221	.226	.232	.238
.14	.194	.198	.201	.205	.209	.213	.217	.222	.227	.232	.238	.243	.250	.256
.15	.208	.212	.216	.220	.224	.228	.233	.238	.243	.249	.255	.261	.268	.275

Constant	341°	340°	339°	338°	337°	336°	335°	334°	333°	332°	331°	330°	329°	328°
0.11	0.207	0.213	0.219	0.226	0.234	0.241	0.250	0.259	0.269	0.280	0.292	0.305	0.320	0.336
.12	.226	.232	.239	.247	.255	.263	.273	.283	.294	.306	.319	.333	.349	.367
.13	.245	.252	.259	.267	.276	.285	.295	.306	.318	.331	.345	.361	.378	.397
.14	.263	.271	.279	.288	.297	.307	.318	.330	.343	.357	.372	.389	.407	.423
.15	.282	.290	.299	.308	.318	.329	.341	.354	.367	.382	.399	.417	.436	.458

Constant	327°	326°	325°	324°	323°	322°	321°	320°	319°	318°	317°	316°	315°	314°
0.11	0.354	0.373	0.396	0.422	0.451	0.485	0.524	0.571	0.627	0.695	0.780	0.889	1.034	1.071
.12	.386	.408	.433	.460	.492	.529	.572	.623	.684	.758	.851	.970	1.128	1.169
.13	.418	.442	.469	.499	.533	.573	.620	.675	.741	.821	.922	1.051	1.222	1.266
.14	.451	.476	.505	.537	.574	.617	.668	.727	.798	.885	.993	1.132	1.316	1.363
.15	.483	.510	.541	.576	.615	.662	.715	.779	.855	.948	1.064	1.212	1.410	1.461

Constant	302°	301°	300°	299°	298°	297°	296°	295°	294°	293°	292°	291°	290°	289°
0.11	0.916	0.801	0.711	0.640	0.582	0.534	0.493	0.458	0.428	0.402	0.378	0.358	0.340	0.323
.12	1.000	.874	.776	.698	.635	.582	.538	.500	.467	.438	.413	.390	.371	.353
.13	1.083	.947	.841	.757	.688	.631	.582	.541	.506	.475	.447	.423	.402	.352
.14	1.166	1.019	.906	.815	.741	.679	.627	.583	.545	.511	.482	.456	.433	.411
.15	1.250	1.092	.970	.873	.794	.728	.672	.625	.584	.548	.516	.488	.464	.411

Constant	288°	287°	286°	285°	284°	283°	282°	281°	280°	279°	278°	277°	276°	275°
0.11	0.308	0.295	0.285	0.271	0.261	0.252	0.243	0.235	0.228	0.221	0.214	0.208	0.202	0.197
.12	.336	.322	.308	.296	.285	.275	.265	.256	.250	.240	.234	.227	.221	.215
.13	.361	.348	.334	.321	.309	.298	.287	.278	.269	.261	.253	.246	.239	.233
.14	.392	.375	.360	.346	.332	.321	.309	.299	.290	.281	.273	.265	.258	.251
.15	.420	.402	.386	.370	.356	.344	.332	.320	.310	.301	.292	.284	.276	.269

VALUES OF THE COLLIMATION CORRECTION, C_c.

Argument: Zenith Distance South.

Between 315° and 85° the Correction has the same sign as the Constant; between 275° and 303° it has the opposite sign.

Constant.	85°	84°	83°	82°	81°	80°	79°	78°	77°	76°	75°	74°	73°	72°
s.	s.	s.	s.	s.	s.	s.	s.	s.	s.	s.	s.	s.	s.	s.
0.16	0.231	0.227	0.223	0.219	0.216	0.212	0.209	0.206	0.203	0.201	0.198	0.196	0.193	0.191
.17	.245	.241	.237	.233	.229	.226	.222	.219	.216	.213	.210	.208	.205	.203
.18	.260	.255	.251	.247	.243	.239	.235	.232	.229	.226	.223	.220	.217	.215
.19	.274	.269	.264	.260	.256	.252	.248	.245	.241	.238	.235	.232	.229	.227
.20	.288	.283	.278	.274	.270	.265	.261	.258	.254	.251	.248	.244	.242	.239

Constant.	71°	70°	69°	68°	67°	66°	65°	64°	63°	62°	61°	60°	59°	58°
0.16	0.189	0.187	0.185	0.183	0.181	0.180	0.178	0.177	0.175	0.174	0.173	0.172	0.170	0.169
.17	.201	.199	.197	.194	.193	.191	.189	.188	.186	.185	.183	.182	.181	.180
.18	.212	.210	.208	.206	.204	.202	.200	.199	.197	.196	.194	.193	.192	.190
.19	.224	.222	.220	.217	.215	.213	.212	.210	.208	.207	.205	.204	.202	.201
.20	.236	.234	.231	.229	.227	.225	.223	.221	.219	.217	.216	.214	.213	.212

Constant.	56°	54°	52°	50°	48°	46°	44°	42°	40°	38°	36°	34°	32°	30°
0.16	0.167	0.166	0.164	0.163	0.162	0.161	0.161	0.160	0.160	0.160	0.160	0.161	0.161	0.162
.17	.178	.176	.175	.173	.172	.171	.171	.170	.170	.170	.170	.171	.171	.172
.18	.188	.186	.185	.183	.182	.181	.181	.180	.180	.180	.180	.181	.181	.182
.19	.199	.197	.195	.194	.192	.192	.191	.190	.190	.190	.190	.191	.191	.192
.20	.209	.207	.205	.204	.203	.202	.201	.200	.200	.200	.200	.201	.201	.202

Constant.	28°	26°	24°	22°	20°	18°	17°	16°	15°	14°	13°	12°	11°	10°
0.16	0.163	0.164	0.166	0.167	0.169	0.171	0.172	0.174	0.175	0.176	0.178	0.179	0.181	0.183
.17	.173	.174	.176	.178	.180	.182	.183	.185	.186	.187	.189	.191	.192	.194
.18	.183	.185	.186	.188	.190	.193	.194	.195	.197	.198	.200	.202	.204	.205
.19	.193	.195	.197	.199	.201	.203	.205	.206	.208	.209	.211	.213	.215	.217
.20	.204	.205	.207	.209	.211	.214	.216	.217	.219	.220	.222	.224	.226	.228

Constant.	9°	8°	7°	6°	5°	4°	3°	2°	1°	0°	359°	358°	357°	356°
0.16	0.185	0.186	0.188	0.191	0.193	0.195	0.197	0.200	0.203	0.206	0.209	0.212	0.215	0.218
.17	.196	.198	.200	.202	.205	.207	.210	.212	.215	.218	.222	.225	.228	.232
.18	.208	.210	.212	.214	.217	.219	.222	.225	.228	.231	.235	.238	.242	.246
.19	.219	.221	.224	.226	.229	.232	.234	.238	.241	.244	.248	.251	.255	.259
.20	.231	.233	.236	.238	.241	.244	.247	.250	.253	.257	.261	.265	.269	.273

Constant.	355°	354°	353°	352°	351°	350°	349°	348°	347°	346°	345°	344°	343°	342°
0.16	0.222	0.226	0.230	0.234	0.239	0.243	0.248	0.254	0.259	0.265	0.272	0.278	0.285	0.293
.17	.236	.240	.244	.249	.254	.259	.264	.270	.276	.282	.288	.295	.303	.311
.18	.250	.254	.259	.263	.269	.274	.279	.285	.292	.298	.305	.313	.321	.330
.19	.264	.268	.273	.278	.283	.289	.295	.301	.308	.315	.322	.330	.339	.348
.20	.278	.282	.287	.293	.298	.304	.310	.317	.324	.332	.339	.348	.357	.366

Constant.	341°	340°	339°	338°	337°	336°	335°	334°	333°	332°	331°	330°	329°	328°
0.16	0.301	0.310	0.319	0.329	0.340	0.351	0.364	0.377	0.392	0.408	0.425	0.444	0.465	0.489
.17	.320	.329	.339	.350	.361	.373	.386	.401	.416	.433	.452	.472	.495	.519
.18	.339	.348	.359	.370	.382	.395	.409	.424	.441	.459	.478	.500	.524	.550
.19	.358	.368	.378	.391	.403	.417	.432	.448	.465	.484	.505	.528	.553	.580
.20	.376	.387	.399	.411	.425	.439	.455	.471	.490	.510	.531	.555	.582	.611

Constant.	327°	326°	325°	324°	323°	322°	321°	320°	319°	318°	317°	316°	315°	303°
0.16	0.515	0.544	0.577	0.614	0.656	0.706	0.763	0.831	0.912	1.011	1.135	1.293	1.504	1.558
.17	.547	.578	.613	.652	.698	.750	.811	.882	.969	1.074	1.206	1.374	1.598	1.655
.18	.579	.612	.649	.691	.739	.794	.858	.934	1.026	1.137	1.277	1.455	1.692	1.753
.19	.611	.646	.685	.729	.780	.838	.906	.986	1.083	1.201	1.347	1.536	1.786	1.850
.20	.644	.680	.721	.767	.821	.882	.954	1.038	1.140	1.264	1.418	1.607	1.880	1.948

Constant.	302°	301°	300°	299°	298°	297°	296°	295°	294°	293°	292°	291°	290°	289°
0.16	1.333	1.165	1.035	0.931	0.846	0.776	0.717	0.666	0.622	0.584	0.550	0.521	0.494	0.470
.17	1.416	1.238	1.100	0.989	0.899	0.825	0.762	0.708	0.661	0.621	0.585	0.553	0.525	0.499
.18	1.500	1.311	1.164	1.048	0.952	0.873	0.806	0.750	0.700	0.657	0.619	0.586	0.556	0.529
.19	1.583	1.383	1.229	1.106	1.005	0.922	0.851	0.791	0.739	0.694	0.653	0.618	0.587	0.558
.20	1.666	1.456	1.294	1.164	1.058	0.970	0.896	0.833	0.778	0.730	0.688	0.651	0.617	0.588

Constant.	288°	287°	286°	285°	284°	283°	282°	281°	280°	279°	278°	277°	276°	275°
0.16	0.448	0.429	0.411	0.395	0.380	0.366	0.354	0.342	0.331	0.321	0.312	0.303	0.294	0.287
.17	.477	.456	.437	.420	.404	.389	.376	.363	.352	.341	.331	.322	.313	.305
.18	.505	.482	.463	.444	.428	.412	.398	.385	.372	.361	.350	.341	.331	.323
.19	.533	.509	.488	.469	.451	.435	.420	.406	.393	.381	.370	.359	.350	.341
.20	.561	.536	.514	.494	.475	.458	.442	.427	.414	.401	.389	.378	.368	.359

VALUES OF THE COLLIMATION CORRECTION, Cc.

Constant.

Argument: Zenith Distance South.

Between 315° and 85° the Correction has the same sign as the Constant; between 275° and 303° it has the opposite sign.

Const. s.	85°	84°	83°	82°	81°	80°	79°	78°	77°	76°	75°	74°	73°	72°
0.21	0.303	0.298	0.292	0.288	0.283	0.279	0.274	0.271	0.267	0.263	0.260	0.257	0.254	0.251
.22	.317	.312	.306	.301	.297	.292	.288	.284	.280	.276	.272	.269	.266	.263
.23	.332	.326	.320	.315	.310	.305	.301	.296	.292	.288	.285	.281	.278	.275
.24	.346	.340	.334	.329	.323	.318	.314	.309	.305	.301	.297	.293	.290	.287
.25	.360	.354	.348	.342	.337	.332	.327	.322	.318	.314	.310	.306	.302	.298

Const. s.	71°	70°	69°	68°	67°	66°	65°	64°	63°	62°	61°	60°	59°	58°
0.21	0.248	0.245	0.243	0.240	0.238	0.236	0.234	0.232	0.230	0.228	0.227	0.225	0.224	0.222
.22	.260	.257	.254	.252	.249	.247	.245	.243	.241	.239	.237	.236	.234	.233
.23	.271	.269	.266	.263	.261	.258	.256	.254	.252	.250	.248	.247	.245	.243
.24	.283	.280	.277	.275	.272	.270	.267	.265	.263	.261	.259	.258	.256	.254
.25	.295	.292	.289	.286	.283	.281	.278	.276	.274	.272	.270	.268	.266	.264

Const. s.	56°	54°	52°	50°	48°	46°	44°	42°	40°	38°	36°	34°	32°	30°
0.21	0.220	0.218	0.216	0.214	0.213	0.212	0.211	0.210	0.210	0.210	0.210	0.211	0.211	0.213
.22	.230	.228	.226	.224	.223	.222	.221	.220	.220	.220	.220	.221	.222	.223
.23	.241	.238	.236	.234	.233	.232	.231	.230	.230	.230	.230	.231	.232	.233
.24	.251	.249	.246	.245	.243	.242	.241	.240	.240	.240	.240	.241	.242	.243
.25	.261	.259	.257	.255	.253	.252	.251	.250	.250	.250	.250	.251	.252	.253

Const. s.	28°	26°	24°	22°	20°	18°	17°	16°	15°	14°	13°	12°	11°	10°
0.21	0.214	0.215	0.217	0.219	0.222	0.225	0.226	0.228	0.230	0.231	0.234	0.235	0.238	0.240
.22	.224	.226	.228	.230	.233	.235	.237	.239	.241	.242	.245	.247	.249	.251
.23	.234	.236	.238	.240	.243	.246	.248	.250	.252	.253	.256	.258	.260	.263
.24	.244	.246	.248	.251	.254	.257	.259	.261	.263	.264	.267	.269	.272	.274
.25	.254	.256	.259	.261	.264	.268	.270	.271	.273	.275	.278	.280	.283	.285

Const. s.	9°	8°	7°	6°	5°	4°	3°	2°	1°	0°	359°	358°	357°	356°
0.21	0.242	0.245	0.247	0.250	0.253	0.256	0.259	0.262	0.266	0.270	0.274	0.278	0.282	0.287
.22	.254	.256	.259	.262	.265	.268	.271	.275	.279	.283	.287	.291	.296	.300
.23	.265	.268	.271	.274	.277	.280	.284	.288	.291	.296	.300	.304	.309	.314
.24	.277	.280	.283	.286	.289	.293	.296	.300	.304	.306	.313	.318	.323	.325
.25	.288	.291	.294	.298	.301	.305	.308	.312	.317	.321	.326	.331	.336	.341

Const. s.	355°	354°	353°	352°	351°	350°	349°	348°	347°	346°	345°	344°	343°	342°
0.21	0.291	0.297	0.302	0.307	0.313	0.319	0.326	0.333	0.340	0.348	0.356	0.365	0.375	0.385
.22	.305	.311	.316	.322	.328	.335	.341	.349	.357	.365	.373	.383	.392	.403
.23	.319	.325	.330	.337	.343	.350	.357	.365	.373	.381	.390	.400	.410	.421
.24	.333	.339	.345	.351	.358	.365	.372	.381	.389	.398	.407	.417	.428	.439
.25	.347	.353	.359	.366	.373	.380	.388	.396	.405	.414	.424	.435	.446	.458

Const. s.	341°	340°	339°	338°	337°	336°	335°	334°	333°	332°	331°	330°	329°	328°
0.21	0.395	0.407	0.419	0.431	0.446	0.461	0.477	0.495	0.524	0.535	0.558	0.583	0.611	0.642
.22	.414	.426	.439	.452	.467	.483	.500	.519	.549	.561	.585	.611	.640	.672
.23	.433	.445	.459	.473	.488	.505	.523	.542	.573	.586	.611	.639	.669	.703
.24	.452	.465	.479	.493	.510	.527	.546	.566	.598	.612	.638	.666	.698	.733
.25	.470	.484	.499	.514	.531	.549	.568	.589	.622	.637	.664	.694	.727	.764

Const. s.	327°	326°	325°	324°	323°	322°	321°	320°	319°	318°	317°	316°	315°	314°
0.21	0.676	0.714	0.757	0.806	0.862	0.926	1.001	1.090	1.197	1.327	1.489	1.697	1.974	2.045
.22	.708	.748	.793	.844	.903	.970	1.049	1.142	1.254	1.390	1.560	1.778	2.068	2.142
.23	.740	.782	.829	.882	.944	1.014	1.097	1.194	1.311	1.453	1.631	1.859	2.162	2.240
.24	.772	.816	.865	.921	.985	1.058	1.144	1.246	1.368	1.517	1.702	1.940	2.256	2.337
.25	.804	.850	.901	.959	1.026	1.102	1.192	1.298	1.425	1.580	1.773	2.021	2.350	2.434

Const. s.	302°	301°	300°	299°	298°	297°	296°	295°	294°	293°	292°	291°	290°	289°
0.21	1.750	1.539	1.358	1.222	1.111	1.019	0.941	0.874	0.817	0.767	0.722	0.683	0.648	0.617
.22	1.833	1.612	1.423	1.280	1.164	1.067	0.986	0.916	0.856	0.803	0.757	0.716	0.676	0.646
.23	1.916	1.685	1.488	1.339	1.217	1.116	1.030	0.958	0.895	0.840	0.791	0.748	0.710	0.676
.24	1.999	1.757	1.552	1.397	1.270	1.164	1.075	0.999	0.934	0.876	0.826	0.781	0.741	0.705
.25	2.083	1.840	1.617	1.457	1.322	1.213	1.120	1.041	0.972	0.913	0.860	0.814	0.772	0.734

Const. s.	288°	287°	286°	285°	284°	283°	282°	281°	280°	279°	278°	277°	276°	275°
0.21	0.589	0.563	0.540	0.518	0.499	0.481	0.464	0.449	0.434	0.421	0.409	0.397	0.386	0.377
.22	.617	.590	.565	.543	.522	.504	.486	.470	.455	.441	.428	.416	.405	.394
.23	.645	.616	.591	.568	.546	.527	.508	.492	.476	.461	.448	.435	.423	.412
.24	.673	.643	.617	.592	.570	.550	.530	.513	.497	.481	.467	.454	.442	.430
.25	.701	.670	.642	.617	.594	.572	.552	.534	.517	.501	.487	.473	.460	.448

VALUES OF THE COLLIMATION CORRECTION, Cc.

Argument: Zenith Distance South.

Between 315° and 85° the Correction has the same sign as the Constant; between 275° and 303° it has the opposite sign.

Constant	85°	84°	83°	82°	81°	80°	79°	78°	77°	76°	75°	74°	73°	72°
	s.	s.	s.	s.	s.	s.	s.	s.	s.	s.	s.	s.	s.	s.
0.26	0.375	0.368	0.362	0.356	0.350	0.345	0.340	0.335	0.330	0.326	0.322	0.318	0.314	0.310
.27	.389	.383	.376	.370	.364	.358	.353	.348	.343	.339	.334	.330	.326	.323
.28	.404	.397	.390	.384	.377	.372	.366	.361	.356	.351	.347	.342	.338	.334
.29	.418	.411	.404	.397	.391	.385	.379	.374	.369	.364	.359	.354	.350	.346
.30	.433	.425	.418	.411	.404	.398	.392	.387	.381	.376	.371	.367	.362	.358

Constant	71°	70°	69°	68°	67°	66°	65°	64°	63°	62°	61°	60°	59°	58°
0.26	0.307	0.304	0.301	.297	0.294	0.292	0.289	0.287	0.285	0.283	0.280	0.279	0.277	0.275
.27	.319	.315	.312	.309	.306	.303	.301	.298	.296	.293	.291	.289	.288	.286
.28	.330	.327	.324	.320	.318	.314	.312	.309	.307	.304	.302	.300	.298	.296
.29	.342	.339	.335	.332	.329	.326	.323	.320	.318	.315	.313	.311	.309	.307
.30	.354	.350	.347	.343	.340	.337	.334	.331		.326	.324	.322	.320	.317

Constant	56°	54°	52°	50°	48°	46°	44°	42°	40°	38°	36°	34°	32°	30°
0.26	0.272	0.269	0.267	0.265	0.264	0.262	0.261	0.261	0.260	0.260	0.260	0.261	0.262	0.263
.27	.282	.280	.277	.275	.274	.272	.271	.271	.270	.270	.270	.271	.272	.273
.28	.293	.290	.288	.285	.284	.282	.281	.281	.280	.280	.280	.281	.282	.283
.29	.303	.300	.298	.296	.294	.292	.291	.291	.290	.290	.290	.291	.292	.293
.30	.314	.311	.308	.306	.304	.302	.301	.301	.300	.300	.300	.301	.302	.304

Constant	28°	26°	24°	22°	20°	18°	17°	16°	15°	14°	13°	12°	11°	10°
0.26	0.265	0.267	0.269	0.272	0.275	0.278	0.280	0.282	0.284	0.287	0.289	0.291	0.294	0.297
.27	.275	.277	.279	.282	.285	.289	.291	.293	.295	.298	.300	.303	.306	.308
.28	.285	.287	.290	.293	.296	.300	.302	.304	.306	.309	.311	.314	.317	.320
.29	.295	.298	.300	.303	.306	.310	.313	.315	.317	.320	.322	.325	.328	.331
.30	.305	.308	.310	.314	.317	.321	.323	.326	.328	.331	.334	.336	.340	.343

Constant	9°	8°	7°	6°	5°	4°	3°	2°	1°	0°	359°	358°	357°	356°
0.26	0.300	0.303	0.306	0.310	0.313	0.317	0.321	0.325	0.329	0.334	0.339	0.344	0.349	0.355
.27	.312	.315	.318	.322	.325	.329	.333	.338	.342	.347	.352	.357	.363	.369
.28	.323	.326	.330	.333	.337	.341	.345	.350	.355	.360	.365	.370	.376	.382
.29	.335	.338	.342	.345	.349	.354	.358	.362	.367	.373	.378	.384	.390	.396
.30	.346	.350	.353	.357	.361	.366	.370	.375	.380	.386	.391	.397	.403	.410

Constant	355°	354°	353°	352°	351°	350°	349°	348°	347°	346°	345°	344°	343°	342°
0.26	0.361	0.367	0.374	0.381	0.388	0.395	0.404	0.412	0.421	0.431	0.441	0.452	0.464	0.476
.27	.375	.381	.388	.395	.403	.411	.419	.428	.438	.448	.458	.470	.482	.494
.28	.389	.395	.402	.410	.418	.426	.435	.444	.454	.464	.475	.487	.500	.513
.29	.403	.409	.417	.425	.433	.441	.450	.460	.470	.481	.492	.504	.517	.531
.30	.416	.424	.431	.439	.448	.456	.466	.476	.486	.497	.509	.522	.535	.549

Constant	341°	340°	339°	338°	337°	336°	335°	334°	333°	332°	331°	330°	329°	328°
0.26	0.489	0.503	0.518	0.535	0.552	0.571	0.591	0.614	0.646	0.662	0.691	0.717	0.756	0.794
.27	.508	.523	.538	.555	.573	.593	.614	.636	.671	.688	.717	.750	.785	.825
.28	.527	.542	.558	.576	.594	.615	.636	.660	.693	.713	.744	.778	.815	.855
.29	.546	.561	.578	.596	.616	.637	.659	.684	.720	.739	.771	.805	.844	.886
.30	.565	.581	.598	.617	.637	.658	.682	.707	.744	.764	.797	.833	.873	.916

Constant	327°	326°	325°	324°	323°	322°	321°	320°	319°	318°	317°	316°	315°	314°
0.26	0.837	0.884	0.937	0.998	1.067	1.147	1.240	1.350	1.482	1.643	1.844	2.102	2.444	2.532
.27	.869	.918	.973	1.036	1.108	1.191	1.287	1.402	1.539	1.706	1.915	2.182	2.538	2.629
.28	.901	.952	1.009	1.074	1.149	1.235	1.335	1.453	1.596	1.769	1.986	2.263	2.632	2.727
.29	.933	.986	1.045	1.113	1.190	1.279	1.383	1.505	1.653	1.833	2.057	2.344	2.726	2.824
.30	.965	1.020	1.082	1.151	1.231	1.323	1.430	1.557	1.710	1.896	2.128	2.425	2.820	2.921

Constant	302°	301°	300°	299°	298°	297°	296°	295°	294°	293°	292°	291°	290°	289°
0.26	2.166	1.913	1.682	1.515	1.375	1.262	1.165	1.083	1.011	0.950	0.894	0.846	0.803	0.764
.27	2.249	1.986	1.746	1.571	1.428	1.310	1.210	1.124	1.050	0.986	0.929	0.879	0.833	0.793
.28	2.333	2.059	1.811	1.630	1.481	1.359	1.254	1.166	1.089	1.023	0.963	0.911	0.864	0.823
.29	2.416	2.131	1.876	1.688	1.534	1.407	1.299	1.208	1.128	1.059	0.998	0.944	0.895	0.853
.30	2.499	2.204	1.940	1.746	1.587	1.456	1.344	1.249	1.167	1.096	1.032	0.976	0.926	0.881

Constant	288°	287°	286°	285°	284°	283°	282°	281°	280°	279°	278°	277°	276°	275°
0.26	0.739	0.697	0.668	0.642	0.618	0.595	0.575	0.556	0.538	0.522	0.506	0.492	0.478	0.466
.27	.757	.724	.694	.666	.641	.618	.597	.577	.559	.542	.526	.511	.497	.484
.28	.785	.750	.720	.691	.665	.641	.619	.598	.579	.562	.545	.530	.515	.502
.29	.813	.777	.745	.716	.689	.664	.641	.620	.600	.582	.565	.549	.534	.520
.30	.841	.804	.771	.740	.712	.687	.663	.641	.621	.602	.584	.568	.552	.538

VALUES OF THE COLLIMATION CORRECTION, c.

Argument: Zenith Distance South.

Between 315° and 65° the Correction has the same sign as the Constant; between 275° and 303° it has the opposite sign.

Constant	85°	84°	83°	82°	81°	80°	79°	78°	77°	76°	75°	74°	73°	72°
s.	s.	s.	s.	s.	s.	s.	s.	s.	s.	s.	s.	s.	s.	s.
0.31	0.447	0.439	0.432	0.425	0.417	0.411	0.405	0.400	0.394	0.389	0.384	0.379	0.374	0.370
.32	.461	.453	.445	.438	.431	.425	.418	.412	.407	.401	.396	.391	.387	.382
.33	.476	.468	.459	.452	.445	.438	.431	.425	.413	.414	.409	.403	.399	.394
.34	.490	.482	.473	.466	.458	.451	.444	.438	.432	.426	.421	.415	.411	.406
.35	.505	.496	.487	.480	.472	.464	.457	.451	.445	.439	.433	.428	.423	.418

Constant	71°	70°	69°	68°	67°	66°	65°	64°	63°	62°	61°	60°	59°	58°
0.31	0.366	0.362	0.358	0.355	0.352	0.348	0.345	0.342	0.339	0.337	0.334	0.332	0.330	0.328
.32	.378	.374	.370	.366	.363	.359	.356	.353	.350	.348	.345	.343	.341	.339
.33	.389	.385	.381	.378	.374	.371	.368	.364	.361	.359	.356	.354	.351	.349
.34	.401	.397	.393	.389	.386	.382	.379	.375	.372	.370	.367	.364	.362	.360
.35	.413	.409	.405	.400	.397	.393	.390	.386	.383	.380	.378	.375	.373	.370

Constant	56°	54°	52°	50°	48°	46°	44°	42°	40°	38°	36°	34°	32°	30°
0.31	0.324	0.321	0.318	0.316	0.314	0.312	0.311	0.311	0.310	0.310	0.310	0.311	0.312	0.314
.32	.335	.332	.329	.326	.324	.323	.321	.321	.320	.320	.320	.321	.322	.324
.33	.345	.342	.339	.336	.334	.333	.331	.331	.330	.330	.330	.331	.332	.334
.34	.356	.352	.349	.346	.344	.343	.341	.341	.340	.340	.340	.341	.342	.344
.35	.366	.363	.359	.357	.355	.353	.351	.351	.350	.350	.350	.351	.352	.354

Constant	28°	26°	24°	22°	20°	18°	17°	16°	15°	14°	13°	12°	11°	10°
0.31	0.316	0.318	0.321	0.324	0.328	0.332	0.334	0.337	0.339	0.342	0.345	0.348	0.351	0.354
.32	.326	.328	.331	.334	.338	.342	.345	.348	.350	.353	.356	.359	.362	.365
.33	.336	.339	.342	.345	.349	.353	.356	.358	.361	.364	.367	.370	.374	.377
.34	.346	.349	.352	.355	.359	.364	.367	.369	.372	.375	.378	.381	.385	.388
.35	.356	.359	.362	.366	.370	.374	.377	.380	.383	.386	.389	.392	.396	.400

Constant	9°	8°	7°	6°	5°	4°	3°	2°	1°	0°	359°	358°	357°	356°
0.31	0.358	0.361	0.365	0.369	0.374	0.378	0.383	0.388	0.393	0.398	0.404	0.410	0.417	0.423
.32	.370	.373	.377	.381	.386	.390	.395	.400	.405	.411	.417	.423	.430	.437
.33	.381	.384	.389	.393	.398	.402	.407	.412	.418	.424	.430	.437	.444	.450
.34	.392	.396	.401	.405	.410	.414	.420	.425	.431	.437	.443	.450	.457	.464
.35	.404	.408	.412	.417	.422	.427	.432	.438	.443	.450	.456	.463	.470	.478

Constant	355°	354°	353°	352°	351°	350°	349°	348°	347°	346°	345°	344°	343°	342°
0.31	0.430	0.438	0.445	0.454	0.463	0.472	0.481	0.492	0.503	0.514	0.526	0.539	0.553	0.568
.32	.444	.452	.460	.468	.477	.487	.497	.508	.519	.531	.543	.556	.571	.586
.33	.458	.466	.474	.483	.492	.502	.512	.523	.535	.547	.560	.574	.589	.604
.34	.472	.480	.489	.498	.507	.517	.528	.539	.551	.564	.577	.591	.607	.623
.35	.486	.494	.503	.512	.522	.532	.543	.555	.567	.580	.594	.609	.624	.641

Constant	341°	340°	339°	338°	337°	336°	335°	334°	333°	332°	331°	330°	329°	328°
0.31	0.583	0.600	0.618	0.637	0.658	0.680	0.705	0.731	0.759	0.790	0.824	0.861	0.902	0.947
.32	.602	.620	.639	.658	.679	.702	.728	.754	.783	.815	.850	.889	.931	.978
.33	.621	.639	.658	.678	.701	.724	.750	.778	.806	.841	.877	.916	.960	1.008
.34	.640	.658	.678	.699	.722	.746	.773	.801	.832	.866	.903	.944	.989	1.039
.35	.659	.678	.698	.719	.743	.768	.796	.825	.857	.892	.930	.972	1.018	1.069

Constant	327°	326°	325°	324°	323°	322°	321°	320°	319°	318°	317°	316°	315°	303°
0.31	0.998	1.054	1.118	1.189	1.272	1.367	1.478	1.609	1.769	1.959	2.198	2.506	2.914	3.019
.32	1.030	1.088	1.154	1.228	1.313	1.411	1.526	1.661	1.824	2.022	2.269	2.587	3.008	3.116
.33	1.062	1.122	1.190	1.266	1.354	1.455	1.573	1.713	1.881	2.085	2.340	2.667	3.102	3.214
.34	1.094	1.156	1.226	1.305	1.395	1.499	1.621	1.765	1.938	2.148	2.411	2.748	3.196	3.311
.35	1.126	1.190	1.262	1.343	1.436	1.544	1.669	1.817	1.995	2.212	2.482	2.829	3.290	3.408

Constant	302°	301°	300°	299°	298°	297°	296°	295°	294°	293°	292°	291°	290°	289°
0.31	2.583	2.257	2.005	1.804	1.640	1.504	1.389	1.291	1.206	1.132	1.067	1.008	0.957	0.911
.32	2.666	2.330	2.070	1.862	1.693	1.553	1.434	1.332	1.245	1.169	1.101	1.041	0.988	0.940
.33	2.749	2.403	2.131	1.921	1.746	1.601	1.479	1.374	1.284	1.205	1.135	1.074	1.019	0.970
.34	2.833	2.475	2.199	1.979	1.799	1.650	1.524	1.416	1.323	1.242	1.170	1.106	1.050	0.999
.35	2.916	2.548	2.204	2.037	1.852	1.698	1.508	1.457	1.362	1.278	1.204	1.139	1.080	1.028

Constant	288°	287°	286°	285°	284°	283°	282°	281°	280°	279°	278°	277°	276°	275°
0.31	0.869	0.831	0.797	0.765	0.736	0.710	0.689	0.662	0.641	0.622	0.604	0.587	0.571	0.556
.32	.897	.858	.822	.790	.760	.733	.707	.684	.662	.642	.623	.605	.589	.574
.33	.925	.885	.848	.814	.784	.756	.729	.705	.683	.662	.643	.624	.608	.592
.34	.953	.912	.874	.839	.808	.779	.751	.727	.703	.682	.662	.643	.626	.610
.35	.981	.938	.900	.864	.831	.802	.774	.748	.724	.702	.681	.662	.644	.628

VALUES OF THE COLLIMATION CORRECTION, Cc.

Argument: Zenith Distance South.

Between 315° and 85° the Correction has the same sign as the Constant; between 275° and 303° it has the opposite sign.

Constant	85°	84°	83°	82°	81°	80°	79°	78°	77°	76°	75°	74°	73°	72°
0.36	0.519	0.510	0.501	0.493	0.485	0.478	0.471	0.464	0.458	0.451	0.446	0.440	0.435	0.430
.37	.534	.524	.515	.507	.499	.491	.484	.477	.470	.464	.458	.452	.447	.442
.38	.548	.538	.529	.521	.512	.504	.497	.490	.483	.477	.470	.464	.459	.454
.39	.562	.553	.543	.534	.526	.518	.510	.503	.496	.489	.483	.477	.471	.466
.40	.577	.567	.557	.548	.539	.531	.523	.516	.508	.502	.495	.489	.483	.478

Constant	71°	70°	69°	68°	67°	66°	65°	64°	63°	62°	61°	60°	59°	58°
0.36	0.425	0.420	0.416	0.412	0.408	0.404	0.401	0.397	0.394	0.391	0.388	0.386	0.383	0.381
.37	.437	.432	.428	.423	.420	.416	.412	.408	.405	.402	.399	.397	.394	.391
.38	.448	.444	.439	.435	.431	.427	.423	.420	.416	.413	.410	.407	.405	.402
.39	.460	.456	.451	.446	.442	.438	.434	.431	.427	.424	.421	.418	.415	.413
.40	.472	.467	.462	.458	.454	.449	.446	.442	.438	.435	.432	.429	.426	.423

Constant	56°	54°	52°	50°	48°	46°	44°	42°	40°	38°	36°	34°	32°	30°
0.36	0.377	0.373	0.370	0.367	0.365	0.363	0.361	0.361	0.360	0.360	0.360	0.361	0.363	0.364
.37	.387	.383	.380	.377	.375	.373	.371	.371	.370	.370	.370	.371	.373	.374
.38	.397	.394	.390	.387	.385	.383	.382	.381	.381	.380	.380	.382	.383	.385
.39	.408	.404	.401	.397	.395	.393	.392	.391	.390	.390	.390	.392	.393	.395
.40	.418	.414	.411	.408	.405	.403	.402	.401	.400	.400	.400	.402	.403	.405

Constant	28°	26°	24°	22°	20°	18°	17°	16°	15°	14°	13°	12°	11°	10°
0.36	0.366	0.369	0.373	0.376	0.381	0.385	0.388	0.391	0.394	0.397	0.400	0.404	0.408	0.411
.37	.377	.380	.383	.387	.391	.396	.399	.402	.405	.408	.411	.415	.419	.423
.38	.387	.390	.393	.397	.402	.407	.410	.413	.416	.419	.423	.426	.430	.434
.39	.397	.100	.404	.408	.412	.417	.420	.424	.427	.430	.434	.437	.441	.445
.40	.407	.410	.414	.418	.423	.428	.431	.434	.438	.441	.445	.448	.453	.457

Constant	9°	8°	7°	6°	5°	4°	3°	2°	1°	0°	359°	358°	357°	356°
0.36	0.415	0.419	0.424	0.429	0.434	0.439	0.444	0.450	0.456	0.463	0.469	0.476	0.484	0.491
.37	.427	.431	.436	.441	.446	.451	.457	.462	.469	.475	.482	.490	.497	.505
.38	.439	.443	.448	.453	.458	.463	.469	.475	.481	.488	.496	.503	.511	.519
.39	.450	.454	.459	.464	.470	.475	.481	.488	.494	.501	.509	.516	.524	.532
.40	.462	.466	.471	.476	.482	.488	.494	.500	.507	.514	.522	.529	.538	.546

Constant	355°	354°	353°	352°	351°	350°	349°	348°	347°	346°	345°	344°	343°	342°
0.36	0.500	0.508	0.517	0.527	0.537	0.548	0.559	0.571	0.584	0.597	0.611	0.626	0.642	0.659
.37	.514	.522	.532	.542	.552	.563	.574	.587	.600	.613	.628	.643	.660	.677
.38	.527	.537	.546	.556	.567	.578	.590	.603	.616	.630	.645	.661	.678	.696
.39	.541	.551	.560	.571	.582	.593	.605	.619	.632	.647	.662	.678	.696	.714
.40	.555	.565	.575	.586	.597	.608	.621	.634	.648	.663	.679	.696	.713	.732

Constant	341°	340°	339°	338°	337°	336°	335°	334°	333°	332°	331°	330°	329°	328°
0.36	0.678	0.697	0.718	0.740	0.764	0.790	0.818	0.849	0.881	0.917	0.957	1.000	1.047	1.100
.37	.696	.716	.738	.760	.786	.812	.841	.872	.906	.943	.983	1.027	1.076	1.130
.38	.715	.736	.758	.781	.807	.834	.864	.896	.930	.968	1.010	1.055	1.105	1.161
.39	.734	.755	.778	.801	.828	.856	.886	.919	.955	.994	1.050	1.083	1.135	1.191
.40	.753	.774	.798	.822	.849	.878	.909	.943	.979	1.019	1.063	1.111	1.164	1.222

Constant	327°	326°	325°	324°	323°	322°	321°	320°	319°	318°	317°	316°	315°	314°
0.36	1.158	1.224	1.298	1.381	1.477	1.588	1.716	1.869	2.052	2.275	2.553	2.910	3.384	3.506
.37	1.191	1.258	1.334	1.420	1.518	1.632	1.764	1.921	2.109	2.338	2.624	2.991	3.478	3.603
.38	1.223	1.292	1.370	1.458	1.559	1.676	1.812	1.973	2.166	2.401	2.695	3.072	3.572	3.700
.39	1.255	1.326	1.406	1.496	1.600	1.720	1.860	2.024	2.223	2.464	2.766	3.152	3.666	3.798
.40	1.287	1.360	1.442	1.535	1.641	1.764	1.907	2.076	2.280	2.528	2.837	3.233	3.760	3.895

Constant	302°	301°	300°	299°	298°	297°	296°	295°	294°	293°	292°	291°	290°	289°
0.36	2.999	2.621	2.328	2.095	1.905	1.747	1.613	1.499	1.401	1.315	1.239	1.171	1.111	1.058
.37	3.082	2.694	2.393	2.153	1.958	1.795	1.658	1.541	1.440	1.351	1.273	1.204	1.142	1.087
.38	3.166	2.767	2.458	2.212	2.011	1.844	1.703	1.582	1.479	1.386	1.308	1.236	1.173	1.116
.39	3.249	2.840	2.523	2.270	2.063	1.892	1.748	1.624	1.517	1.424	1.342	1.269	1.204	1.146
.40	3.332	2.912	2.587	2.328	2.116	1.941	1.792	1.666	1.556	1.461	1.376	1.302	1.235	1.175

Constant	288°	287°	286°	285°	284°	283°	282°	281°	280°	279°	278°	277°	276°	275°
0.36	1.009	0.965	0.925	0.888	0.855	0.824	0.796	0.769	0.745	0.722	0.701	0.681	0.663	0.645
.37	1.037	0.992	0.951	0.913	0.879	0.847	0.818	0.791	0.765	0.742	0.720	0.700	0.681	0.663
.38	1.065	1.019	0.977	0.938	0.903	0.870	0.840	0.812	0.786	0.762	0.740	0.719	0.699	0.681
.39	1.093	1.046	1.002	0.963	0.926	0.893	0.862	0.833	0.807	0.782	0.759	0.738	0.718	0.699
.40	1.121	1.072	1.028	0.987	0.950	0.916	0.884	0.855	0.828	0.802	0.779	0.757	0.736	0.717

VALUES OF THE COLLIMATION CORRECTION, Cc.

Constant.

Argument: Zenith Distance South.

Between 315° and 85° the Correction has the same sign as the Constant; between 275° and 303° it has the opposite sign.

Constant	85°	84°	83°	82°	81°	80°	79°	78°	77°	76°	75°	74°	73°	72°
0.41	0.591	0.581	0.571	0.562	0.553	0.544	0.536	0.528	0.521	0.514	0.508	0.501	0.495	0.490
.42	.606	.595	.585	.575	.566	.557	.549	.541	.534	.527	.520	.513	.507	.501
.43	.620	.609	.599	.589	.580	.571	.562	.554	.547	.539	.532	.525	.519	.513
.44	.634	.623	.612	.603	.593	.584	.575	.567	.559	.552	.545	.538	.532	.525
.45	.649	.638	.626	.617	.607	.597	.588	.580	.572	.564	.557	.550	.544	.537

Constant	71°	70°	69°	68°	67°	66°	65°	64°	63°	62°	61°	60°	59°	58°
0.41	0.484	0.479	0.474	0.469	0.465	0.460	0.457	0.453	0.449	0.446	0.442	0.440	0.437	0.434
.42	.496	.491	.486	.480	.476	.472	.468	.464	.460	.457	.453	.450	.447	.444
.43	.507	.502	.499	.492	.488	.483	.479	.475	.471	.467	.464	.461	.458	.455
.44	.519	.514	.509	.503	.499	.491	.490	.486	.482	.478	.475	.472	.469	.466
.45	.531	.526	.520	.515	.510	.505	.501	.497	.493	.489	.486	.482	.479	.476

Constant	56°	54°	52°	50°	48°	46°	44°	42°	40°	38°	36°	34°	32°	30°
0.41	0.429	0.425	0.421	0.418	0.415	0.413	0.412	0.411	0.410	0.410	0.410	0.412	0.413	0.415
.42	.439	.435	.431	.428	.425	.423	.422	.421	.420	.420	.420	.422	.423	.425
.43	.450	.445	.441	.438	.436	.433	.432	.431	.430	.430	.430	.432	.433	.435
.44	.460	.456	.452	.448	.446	.444	.442	.441	.440	.440	.440	.442	.443	.445
.45	.471	.466	.462	.459	.456	.454	.452	.451	.450	.450	.450	.452	.453	.455

Constant	28°	26°	24°	22°	20°	18°	17°	16°	15°	14°	13°	12°	11°	10°
0.41	0.417	0.421	0.424	0.428	0.433	0.439	0.442	0.445	0.449	0.452	0.456	0.460	0.464	0.468
.42	.428	.431	.435	.439	.444	.449	.453	.456	.459	.463	.467	.471	.475	.480
.43	.438	.441	.445	.449	.455	.460	.464	.467	.470	.474	.478	.482	.487	.491
.44	.448	.451	.455	.460	.465	.471	.474	.478	.481	.485	.489	.493	.498	.502
.45	.458	.462	.466	.470	.476	.482	.485	.489	.492	.496	.500	.504	.509	.514

Constant	9°	8°	7°	6°	5°	4°	3°	2°	1°	0°	359°	358°	357°	356°
0.41	0.473	0.478	0.483	0.488	0.494	0.500	0.506	0.512	0.519	0.527	0.535	0.542	0.551	0.560
.42	.485	.489	.495	.500	.506	.512	.518	.525	.532	.540	.548	.556	.564	.573
.43	.496	.501	.507	.512	.518	.524	.531	.538	.545	.553	.561	.569	.578	.587
.44	.508	.513	.518	.524	.530	.536	.543	.550	.557	.565	.574	.582	.591	.601
.45	.519	.524	.530	.536	.542	.549	.555	.562	.570	.578	.587	.595	.605	.614

Constant	355°	354°	353°	352°	351°	350°	349°	348°	347°	346°	345°	344°	343°	342°
0.41	0.569	0.579	0.589	0.600	0.612	0.624	0.636	0.650	0.665	0.680	0.696	0.713	0.731	0.751
.42	.583	.593	.607	.615	.627	.639	.652	.666	.681	.696	.713	.730	.749	.769
.43	.597	.607	.618	.630	.642	.654	.667	.682	.697	.713	.730	.748	.767	.787
.44	.611	.621	.632	.644	.656	.669	.683	.698	.713	.730	.747	.765	.785	.806
.45	.625	.635	.647	.659	.671	.684	.698	.714	.729	.746	.764	.783	.803	.824

Constant	341°	340°	339°	338°	337°	336°	335°	334°	333°	332°	331°	330°	329°	328°
0.41	0.772	0.794	0.818	0.843	0.870	0.900	0.932	0.966	1.004	1.045	1.089	1.139	1.193	1.253
.42	.790	.813	.837	.863	.892	.922	.955	.990	1.028	1.070	1.116	1.166	1.222	1.283
.43	.800	.832	.857	.884	.913	.944	.977	1.014	1.053	1.096	1.143	1.194	1.251	1.314
.44	.823	.852	.877	.904	.934	.966	1.000	1.037	1.077	1.121	1.169	1.222	1.280	1.344
.45	.847	.871	.897	.925	.955	.988	1.023	1.061	1.102	1.147	1.196	1.250	1.309	1.375

Constant	327°	326°	325°	324°	323°	322°	321°	320°	319°	318°	317°	316°	315°	303°
0.41	1.319	1.394	1.478	1.573	1.682	1.808	1.955	2.128	2.337	2.591	2.908	3.314	3.854	3.993
.42	1.352	1.428	1.514	1.612	1.725	1.852	2.003	2.180	2.394	2.654	2.979	3.395	3.948	4.090
.43	1.384	1.462	1.550	1.650	1.764	1.896	2.050	2.232	2.451	2.717	3.050	3.476	4.048	4.187
.44	1.416	1.496	1.586	1.688	1.805	1.951	2.098	2.284	2.508	2.780	3.120	3.557	4.136	4.285
.45	1.448	1.530	1.622	1.727	1.846	1.984	2.146	2.336	2.565	2.844	3.191	3.637	4.230	4.382

Constant	302°	301°	300°	299°	298°	297°	296°	295°	294°	293°	292°	291°	290°	289°
0.41	3.416	2.985	2.652	2.386	2.169	1.989	1.837	1.707	1.560	1.497	1.411	1.334	1.266	1.205
.42	3.499	3.058	2.717	2.444	2.222	2.038	1.882	1.749	1.634	1.534	1.441	1.367	1.297	1.234
.43	3.582	3.131	2.781	2.503	2.275	2.086	1.927	1.791	1.673	1.570	1.480	1.399	1.327	1.263
.44	3.666	3.204	2.846	2.561	2.328	2.135	1.972	1.832	1.712	1.607	1.514	1.432	1.358	1.293
.45	3.749	3.276	2.911	2.619	2.381	2.183	2.016	1.874	1.751	1.643	1.548	1.464	1.389	1.322

Constant	288°	287°	286°	285°	284°	283°	282°	281°	280°	279°	278°	277°	276°	275°
0.41	1.149	1.099	1.054	1.012	0.974	0.939	0.906	0.876	0.848	0.822	0.798	0.776	0.755	0.735
.42	1.177	1.126	1.079	1.037	0.998	0.962	0.928	0.898	0.869	0.843	0.818	0.795	0.773	0.753
.43	1.205	1.153	1.105	1.061	1.021	0.985	0.950	0.919	0.890	0.863	0.837	0.814	0.792	0.771
.44	1.233	1.180	1.131	1.086	1.045	1.008	0.972	0.940	0.910	0.883	0.857	0.832	0.810	0.789
.45	1.261	1.206	1.157	1.111	1.069	1.030	0.994	0.962	0.931	0.903	0.876	0.851	0.828	0.807

VALUES OF THE COLLIMATION CORRECTION, Cc.

Argument: Zenith Distance South.

Between 315° and 85° the Correction has the same sign as the Constant; between 275° and 303° it has the opposite sign.

Constant.	85°	84°	83°	82°	81°	80°	79°	78°	77°	76°	75°	74°	73°	72°
	s.	s.	s.	s.	s.	s.	s.	s.	s.	s.	s.	s.	s.	s.
0.46	0.663	0.652	0.640	0.630	0.620	0.610	0.601	0.593	0.585	0.577	0.569	0.562	0.556	0.549
.47	.678	.666	.654	.644	.634	.624	.614	.606	.597	.589	.582	.574	.568	.561
.48	.692	.680	.668	.658	.647	.637	.627	.619	.610	.602	.594	.587	.580	.573
.49	.707	.694	.682	.671	.661	.650	.640	.632	.622	.614	.607	.599	.592	.585
.50	.721	.708	.696	.685	.674	.664	.654	.644	.635	.627	.619	.611	.604	.597

Constant.	71°	70°	69°	68°	67°	66°	65°	64°	63°	62°	61°	60°	59°	58°
0.46	0.543	0.537	0.532	0.526	0.522	0.517	0.512	0.508	0.504	0.500	0.496	0.493	0.490	0.487
.47	.555	.549	.543	.539	.533	.528	.524	.519	.515	.511	.507	.504	.501	.497
.48	.566	.561	.555	.549	.544	.539	.535	.530	.526	.522	.518	.515	.511	.508
.49	.578	.572	.566	.561	.556	.550	.546	.541	.537	.533	.529	.525	.522	.518
.50	.590	.584	.578	.572	.567	.562	.557	.552	.548	.544	.540	.536	.532	.529

Constant.	56°	54°	52°	50°	48°	46°	44°	42°	40°	38°	36°	34°	32°	30°
0.46	0.481	0.477	0.472	0.469	0.466	0.464	0.462	0.461	0.460	0.460	0.460	0.462	0.463	0.466
.47	.492	.487	.483	.479	.476	.474	.472	.471	.470	.470	.470	.471	.473	.476
.48	.502	.497	.493	.489	.486	.484	.482	.481	.480	.480	.480	.482	.483	.486
.49	.513	.508	.503	.499	.496	.494	.492	.491	.490	.490	.490	.492	.493	.496
.50	.523	.518	.514	.510	.506	.504	.502	.501	.500	.500	.500	.502	.504	.506

Constant.	28°	26°	24°	22°	20°	18°	17°	16°	15°	14°	13°	12°	11°	10°
0.46	0.468	0.472	0.476	0.481	0.486	0.492	0.496	0.500	0.503	0.507	0.512	0.516	0.521	0.525
.47	.478	.482	.486	.491	.497	.503	.507	.510	.514	.518	.523	.527	.532	.537
.48	.489	.492	.497	.502	.507	.514	.517	.521	.525	.529	.534	.538	.543	.548
.49	.499	.503	.507	.512	.518	.524	.528	.532	.536	.540	.545	.549	.555	.560
.50	.509	.513	.518	.522	.528	.535	.539	.543	.547	.551	.556	.560	.566	.571

Constant.	9°	8°	7°	6°	5°	4°	3°	2°	1°	0°	359°	358°	357°	356°
0.46	0.531	0.536	0.542	0.548	0.554	0.561	0.568	0.575	0.583	0.591	0.600	0.609	0.618	0.628
.47	.542	.548	.554	.560	.566	.573	.580	.588	.595	.604	.613	.622	.632	.642
.48	.554	.559	.565	.572	.578	.585	.592	.600	.608	.617	.626	.635	.645	.655
.49	.565	.571	.577	.584	.590	.597	.605	.612	.621	.630	.639	.648	.659	.669
.50	.577	.583	.589	.596	.603	.610	.617	.625	.633	.642	.652	.662	.672	.683

Constant.	355°	354°	353°	352°	351°	350°	349°	348°	347°	346°	345°	344°	343°	342°
0.46	0.638	0.650	0.661	0.673	0.686	0.700	0.714	0.730	0.746	0.763	0.781	0.800	0.821	0.842
.47	.652	.664	.675	.688	.701	.715	.729	.745	.762	.779	.798	.817	.838	.861
.48	.666	.678	.690	.703	.716	.730	.745	.761	.778	.796	.815	.835	.856	.879
.49	.680	.692	.704	.717	.731	.745	.760	.777	.794	.812	.832	.852	.874	.897
.50	.694	.706	.718	.732	.746	.760	.776	.793	.810	.829	.849	.870	.892	.916

Constant.	341°	340°	339°	338°	337°	336°	335°	334°	333°	332°	331°	330°	329°	328°
0.46	0.866	0.891	0.917	0.945	0.977	1.010	1.046	1.084	1.126	1.172	1.222	1.277	1.338	1.405
.47	.885	.910	.937	.966	.998	1.032	1.068	1.108	1.151	1.198	1.249	1.305	1.367	1.436
.48	.903	.929	.957	.986	1.019	1.054	1.091	1.131	1.175	1.223	1.275	1.333	1.396	1.466
.49	.922	.949	.977	1.007	1.040	1.076	1.114	1.155	1.200	1.249	1.302	1.361	1.425	1.497
.50	.941	.968	.997	1.028	1.062	1.098	1.136	1.178	1.224	1.274	1.329	1.389	1.454	1.528

Constant.	327°	326°	325°	324°	323°	322°	321°	320°	319°	318°	317°	316°	315°	303°
0.46	1.480	1.561	1.658	1.765	1.887	2.029	2.193	2.389	2.622	2.907	3.262	3.718	4.324	4.479
.47	1.512	1.598	1.694	1.803	1.928	2.073	2.241	2.440	2.679	2.970	3.333	3.799	4.418	4.577
.48	1.545	1.632	1.730	1.842	1.969	2.117	2.289	2.492	2.736	3.033	3.404	3.880	4.512	4.674
.49	1.577	1.666	1.766	1.880	2.010	2.161	2.336	2.544	2.793	3.096	3.475	3.961	4.606	4.772
.50	1.609	1.700	1.802	1.918	2.051	2.205	2.384	2.596	2.850	3.160	3.546	4.042	4.700	4.869

Constant.	302°	301°	300°	299°	298°	297°	296°	295°	294°	293°	292°	291°	290°	289°
0.46	3.832	3.346	2.975	2.677	2.434	2.232	2.061	1.915	1.790	1.680	1.583	1.497	1.420	1.351
.47	3.916	3.422	3.040	2.735	2.487	2.280	2.106	1.957	1.829	1.716	1.617	1.529	1.451	1.381
.48	3.999	3.495	3.105	2.794	2.540	2.329	2.151	1.999	1.868	1.753	1.652	1.562	1.482	1.410
.49	4.082	3.568	3.169	2.852	2.593	2.377	2.196	2.040	1.907	1.789	1.686	1.594	1.513	1.440
.50	4.165	3.640	3.234	2.910	2.646	2.426	2.240	2.082	1.946	1.826	1.720	1.627	1.544	1.469

Constant.	288°	287°	286°	285°	284°	283°	282°	281°	280°	279°	278°	277°	276°	275°
0.46	1.289	1.233	1.182	1.135	1.093	1.053	1.017	0.983	0.952	0.923	0.896	0.870	0.847	0.825
.47	1.317	1.260	1.208	1.160	1.116	1.076	1.039	1.004	0.972	0.943	0.915	0.889	0.865	0.843
.48	1.345	1.287	1.234	1.185	1.140	1.099	1.061	1.026	0.993	0.963	0.935	0.908	0.884	0.861
.49	1.373	1.314	1.259	1.209	1.164	1.122	1.083	1.047	1.014	0.983	0.954	0.927	0.902	0.879
.50	1.402	1.340	1.285	1.234	1.188	1.144	1.105	1.068	1.034	1.003	0.974	0.946	0.920	0.896

www.ingramcontent.com/pod-product-compliance
Lightning Source LLC
Chambersburg PA
CBHW022014190326
41519CB00010B/1513